U0191717

乌 杰
系统科学文集

第七卷

马克思主义系统思想

人 民 出 版 社

序　言

1991 年《马克思主义系统思想》一书面世，引起很大震动。

因为当时人们的注意力，仍习惯地侧重在马列主义的矛盾思想，忽视了对马列主义系统思想的研究与思考。

因此，引发热议也就成为必然。

从内容上讲，此书开辟了学习研究马列主义的新的领域、新的视角，引出新的结论。整体上大大地深化了对马列主义的研究、学习与应用，对指导当下中国的改革开放，建设社会主义现代化事业有着十分重要的意义。

我们适时地作了一件非常重要、非常有历史意义的工作。

二十年过去了，弹指一挥间。系统思想及其方法已经逐步被广大干部与群众所接受，这是一个十分可喜的现象，更是一件十分重要的成果。用毛泽东同志的一句话：世上无难事，只要肯登攀。

在此我代表中国系统科学研究会，感谢所有为此作出贡献的人们。

我们将继续一道努力，使系统思想及其方法成为我们时代的一种时尚、一种生活方式、一种在“生”在“行”在“逝”的过程，一种必然的选择。

乌　杰

2021 年 9 月 21 日（中秋）

目　录

前　言

现代系统科学的诞生和发展，是人类思想史在20世纪最重要的方法论革命。系统科学作为先进的方法和工具，不仅被广泛地运用于各个领域的科学技术研究，深刻地影响了社会实践活动，而且也赋予现代理性以新的世界观——系统观。从系统观出发，人们获得了观察世界的全新视野思想和联系方式。所以，系统科学标志着20世纪的哲学创新。

系统思想作为现代哲学发展的产物，并不是偶然降生。事实上，在人类发展的早期阶段，已经萌发了丰富的系统观念。人类思想犹如一条长河，系统观在当代所表现出来的深遂与壮阔，无疑具有历史的渊源。

马克思主义哲学是人类哲学思想发展的一座丰碑。马克思和恩格斯所共同创立的关于自然界、人类社会和思维活动的辩证唯物主义体系，不仅是对德国古典哲学的一次伟大革命，而且也是现代系统科学理论的直接源泉和深厚基础。为什么现代系统论的创始人对马克思主义哲学所包括的系统思想非常惊叹呢？从总体上讲，马克思主义哲学——辩证唯物主义不仅具有鲜明的系统思想特征，而且系统观本身就是唯物辩证法的直接前提和基础结构。

从马克思、恩格斯到列宁，再到当代一些最重要的思想家，系统思想得到了延续、发展和应用。因此，总结和研究马克思主义经典作家的系统思想，是在开掘与整理一座重要的理论宝库。

马克思主义经典作家的系统思想广泛地分布在哲学、政治经济学、科学社会主义等很多思想活动领域。在这些领域，经典作家们不仅对系统思想的发展作出了直接的贡献，更重要的，是他们运用系统科学方法，构筑其雄伟的理论大厦。现代系统科学许多重要的思想成就，在经典作家的著作中都有其雏形甚至相当成熟的表达,如整体效应规律,结构转换规律等。如马克思的《资本论》,毫不夸张地说,是系统科学思想在经济学领域最完整、最深刻和最巧妙的运用。因此,对于学习系统科学来讲,马克思主义经典作家的系统思想较之现代系统科学理论,一方面具有独立的价值,另一方面,也有相得益彰的思想地位。

《马克思主义系统思想》一书,根据马克思主义理论结构的内在联系,结合现代系统科学范畴的脉络,选编了马克思主义经典作家有关系统观的若干经典论述,在此基础上,编者试图通过"导语"进行综述与分析,引导读者领会其精神实质和现实意义。

学习马克思主义经典作家的系统思想,应当同完整地把握马克思主义的思想体系结合起来。只有发现马克思主义经典作家的系统思想与其理论大厦的有机联系,才能系统地领略马克思主义经典作家的系统思想;学习马克思主义经典作家的系统思想,应当同了解现代系统科学理论联系起来,只有把马克思主义经典作家的系统思想置入系统科学的理论领域之中,才能更有效地将其运用于理论研究和社会实践活动,当然,学习马克思主义经典作家的系统思想,最重要的,还是同实际生活相结合,在现实的实践系统中,让系统思想这种精神力量变成巨大的物质力量。

乌　杰

1991 年 5 月

第一章　世界是一个有联系的整体

一、导　语

在人类哲学理性的发展中，马克思主义第一次科学地、全面地和深刻地阐述了客观世界是一个有联系的系统整体，从而在辩证唯物主义的立场上，开创了系统思维革命的先河。

这一革命的本质就在于，马克思主义在对世界图景的描述中，彻底地清除了“古代人的天才的自然哲学的直觉”和近代形而上学的认识方式，用哲学和自然科学长期而持续的发展所获得的理性成果，证明了世界不是彼此隔离、彼此孤立、彼此不相依存的各种对象事件或现象的偶然堆积，而是在永恒的“自己运动”的过程中，具有着相互联系、相互依赖、相互制约的整体。因而，整个宇宙，从基本粒子到星系空间，从原始生物到人类社会，都作为人类现实的对象世界而生动整体地运动着。

从本质上讲，马克思主义之所以认为客观世界是一个有联系的系统整体，其内在的原因在于：

其一，自然界中的所有对象客体都具有化学组成和物理属性的同一性，因此，世界的统一性并不仅仅在于它的存在性，而且在于它的物质性。例如，宇宙中的天体，无论是巨大炽热发光的太阳，还是不发光的行星、卫星以及状貌奇特的慧星，都是不断运动着的物质客体，组成这些天体的化学元素（包括无机和有机分子），都是地球上一切对象客体所具有的，它们有着共同的组成成分，具有物理和化学的同样性质。

其二,整个世界中物理的、化学的、生命的和社会的等等不同的现象领域,都是一定的结构系统,具有着普遍的结构相似性,因而,世界的统一性在于它的结构和谐性。天体起源、地球演化、生命起源、人类起源以及它们的发展,就都存在着辩证的结构同一性。

其三,客观世界中的基本粒子、原子、分子、物体、太阳系、银河系以至遥远的河外星系的有序排列,显示了世界的统一性在于它的物质层次性。任何不同的物质层次,均具有其内在的结构的规定性,因此显示了不同层次间相对的质的差异;同时,任一层次又都是作为整个物质世界系统中的一个要素而存在,因而各个层次的质又服从于整个物质系统的质的规定性和约束。正是在这个意义上,整个世界由宏观到微观,逐次深入,无限可分;另一方面,又由微观到宏观,渐进扩大,层出不穷。整个世界系统的层次相关、层中有层的现象,体现了物质层次的无比丰富性和物质存在形式的无限多样性。

其四,整个世界都是在不同的具体运动形式以一定条件相互转化的过程中,生动而又鲜明地表现出来的。在这里,转化已成为各种不同质的运动形态之间相互联结的根本形式,因此,世界的统一性在于各种物质形态及其运动形式之间的相互转化性。譬如,物质的固态、液态、气态、等离子态、超固态、反物质态、辐射场态等等之间的转化,有机物和无机物之间的转化,低等生物和高等生物之间的转化,自然现象和社会现象之间的转化,等等一切低级运动形式和高级运动形式都相互渗透,一切宇宙存在物都在运动的流中直接地或间接地联系在一起,形成了一个不可分割的联系整体。

可以看出,从系统性、结构相似性、层次性与转化性的普通性上去把握客观世界普遍联系的统一性,是马克思主义自然观的基本原则。伴随着现代科学的发展,一方面,马克思主义的原则得到了进一步的充分证明和发展;另一方面,也在深度和广度上获得了必要的丰富和补充。因此,我们需要在哲学与科学发展的更高层次的结合上,去认识马克思主义经典作家们的系统思想的科学性、合理性和历史性。对此,我们应当注意如下几个方面的问题:

首先,在对象世界的图景中,过去认为是最基本的部分,现在看来也是一个由各个部分构成的有机整体，一个完备的结构系统。世界中的一切事物、现象和过程几乎都是自成系统，又互为系统。呈现在人类面前的对象世界，已不再是单个物集合的“实物世界”，而是纵横交织、立体网状结构的“系统世界”。比如，随着“规范场理论”的发展，爱因斯坦的“统一场论”又被重新提出来，人们正试图用电、弱、强、引四个力的大统一来描述整个世界的整体性，而不仅仅简单地把世界看成一个庞大的物质客体的集合。又比如，随着横断学科的发展，人们把截然不同的自然、社会和思维系统联系起来证明对象世界的统一性，把它们看作是对象世界系统中相互联结的要素，而不把它们看作是彼此毫无同一性的、各自独立的系统。

其次，对象世界图景的变化，必然给哲学提出更科学地解释对象世界的多样性与统一性的新课题。因此，在当代科学认识论的基础上，仅仅用机械的、物理的、化学的、生物的和社会的五种运动形态的观点来解释对象世界已经不够。用系统方法来对对象世界加以新的说明，不仅研究各种运动形式之间的因果网络联系和转化，而且研究它们的起源、结构和功能的同一性，才能科学地阐明对象世界的新图景。换句话说，我们要从对对象世界的个别实体和单纯系统的研究，转向着重对各种系统和要素的统一体和总体的研究；从对单纯的因果联系的研究，转向对对象的各种类型的联系、关系和相互作用的结构的研究（尤其是强调世界的结构联系、功能联系和反馈调节等）；从对对象世界的相对静止的研究，转向对对象进行动态的、具体历史的发生和发展的研究。只有这样，客观世界相互联结的整体图景才能被更系统地展现出来。

最后，恩格斯在 19 世纪总结了能量守恒及其转化定律、细胞学说以及达尔文生物进化论的基础上，就宣告了机械自然观的死亡，阐释了辩证自然观的基本精神，作出了具有远见卓识的论断：“关于自然界所有过程都处在一种系统联系中的认识，推动科学到处从个别部分和整体上去证明这种系统联系。”①当代科学的发展，尤其是以耗散结构和协同学等为典型代表的

① 《马克思恩格斯文集》第 9 卷，人民出版社 2009 年版，第 40 页。

一系列“自组织理论”的相继提出,充分证明、丰富和补充了恩格斯这一思想,为我们认识和把握世界的整体联系提供了十分重要的科学内容。理解这一点具有时代的认识论意义。

1. 理解“时间之矢”的不可逆性是认识自然界普遍联系及其发展的基本前提。哲学和科学发展的一个重要方面,就是“重新发现时间的历史”,在现代自然观中,核心点也是对于时间本质的重新认识。以牛顿力学为基础的机械论自然观,把时间看作是一种绝对“均匀地、与任何其他外界事物无关地流逝着”的参数,因此,时间反演是对称的,过去和未来是等价的,从而否认了自然界在普遍联系中的运动方向、发展趋势和质的变化。而当代科学的发展,正越来越多地揭示出这样的事实,即发展中的联系是与时间先后不可逆性而密切相关的。在所有的层次上,从基本粒子到无边的宇宙,不可逆性起着越来越大的作用。这种不可逆性就是世界在普遍联系中发展的“时间之矢”。“时间之矢”的这种不可逆从形式和内容的统一性上,深刻地表明了时间的延续就意味着发明,就意味着新形式的创造,就意味着一切新鲜事物的连续不断的产生,就意味着客观世界是一个不可分割地普遍联系着的整体。因此,“时间之矢”的不可逆性的本质,就在于它构成了客观世界从存在通向演化、从静止通向运动、从个体通向系统、从孤立通向联系的桥梁。

2. 理解“耗散结构”的运动机理是把握客观世界普遍联系的本体论基础。由于传统的机械自然观的影响,人们不能够从自然界“自己运动”的过程中,去寻找由简单到复杂、由低级到高级、由无序到有序发展的普遍联系的原因、源泉或动力,从而导致了悲观主义的自然观。恩格斯所深刻批判过的克劳修斯的“宇宙热寂论”,就是一个典型的例证。普利高津的“耗散结构理论”告诉人们,从微观世界到宏观世界所有运动着的事物,都是一个“自组织系统”,它们具有着如下三个基本特征:第一,它们是开放的,而不是封闭的;第二,它们不是处于绝对静止的平衡态,而是远离平衡态;第三,它们内部的各要素之间不是单纯的线性因果关联,而存在着非线性的相互作用。因此,它们通过自发的“对称破缺”,不断地与系统外界交换物质、能量和信息,从而使系统自身减“熵”增“序”,维持其特定的稳定结构——耗散结构，构成了由无序走向有序的宇宙自身的内在机制。以耗散结构为特征的有序原理，深刻地表明了要素与系统之间、系统与环境之间、系统的形式与其转化之间的普遍联系的客观基础，深化了辩证唯物主义关于世界是一个普遍联系的系统整体的思想。

3. 科学地理解必然性与偶然性、决定论与非决定论的关系，是把握客观世界普遍联系的重要条件。以量子力学的出现为转机，现代科学的发展已把人们对世界的研究对象，扩展到由大量子系统（如基本粒子）组成的无穷多自由度的体系，特别是在多层次的复杂系统中，由于各层次具有相对的独立性和自主性以及子系统之间相互联系的动态性和非线性，使得客观对象的运动规律的基本形式呈现出随机性、统计性、概率性和偶然性，而不是单纯决定论的。因此，新的概率观点和统计理论，完全改变了牛顿物理学的世界图景，结束了长期统治人们头脑的机械决定论的思维方式，为非决定论奠定了基础。它深刻地表明，客观事物运动途径的随机性质，给人们以极大的启迪，作为客观世界普遍联系的因果关系并不是机械的，一一对应的，而是或然的，是多一对应的；一个平衡态可以对应瞬息万变的众多微观态，又可以是许多非平衡态的归宿。因此，由平衡态本身无法采用决定论来断定它由何而来，往何而去，确定的轨道也失去了确定的意义。但是，这种概率、统计、随机和偶然等非决定论性的概念，并不是对决定论的决定性和必然性等概念的绝对否弃，而是在更深的层次意义上揭示了它们之间的内在的相关性、一致性和转化性，表明了概率作为表征的必然性和偶然性、决定性和非决定性相互转化的概念，已越来越被证明是自然界普遍联系的一种基本性质。因此，通过对概率的辩证理解去合理地解释对象系统的"环境涨落"和"对称破缺"，将使马克思主义关于世界是一个普遍联系的系统整体的观念，获得新的内容和有力的科学论证。

总而言之，马克思主义的"一个伟大的基本思想，即认为世界不是既成事物的集合体，而是过程的集合体"①的整体自然观，将永远散发出它迷人的哲学理性的光辉。

---

① 《马克思恩格斯文集》第4卷，人民出版社2009年版，第298页。

二、摘　编

（一）世界是一个有联系的整体，当我们深思熟虑地考察自然界、人类历史或我们的精神活动的时候，首先呈现在我们眼前的是一幅由种种联系和相互作用无穷无尽地交织起来的总的画面

当我们通过思维来考察自然界或人类历史或我们自己的精神活动的时候，首先呈现在我们眼前的，是一幅由种种联系和相互作用无穷无尽地交织起来的画面，其中没有任何东西是不动的和不变的，而是一切都在运动、变化、生成和消逝。所以我们首先看到的是总画面，其中各个细节还或多或少地隐藏在背景中，我们注意得更多的是运动、转变和联系，而不是注意什么东西在运动、转变和联系。这个原始的、素朴的、但实质上正确的世界观是古希腊哲学的世界观，而且是由赫拉克利特最先明白地表述出来的：一切都存在而又不存在，因为一切都在流动，都在不断地变化，不断地生成和消逝。

《马克思恩格斯文集》第 3 卷，人民出版社 2009 年版，第 538—539 页

世界的统一性并不在于它的存在，尽管世界的存在是它的统一性的前提，因为世界必须先存在，然后才能是统一的。在我们的视野的范围之外，存在甚至完全是一个悬而未决的问题。世界的真正的统一性在于它的物质性，而这种物质性不是由魔术师的三两句话所证明的，而是由哲学和自然科学的长期的和持续的发展所证明的。

《马克思恩格斯文集》第 9 卷，人民出版社 2009 年版，第 47 页

我们所接触到的整个自然界构成一个体系，即各种物体相互联系的总体，而我们在这里所理解的物体，是指所有的物质存在，从星球到原子，甚至

直到以太粒子,如果我们承认以太粒子存在的话。这些物体处于某种联系之中,这就包含了这样的意思:它们是相互作用着的,而它们的相互作用就是运动。由此可见,没有运动,物质是不可想象的。再则,既然我们面前的物质是某种既有的东西,是某种既不能创造也不能消灭的东西,那么由此得出的结论就是:运动也是既不能创造也不能消灭的。只要认识到宇宙是一个体系,是各物体相联系的总体,就不能不得出这个结论。

《马克思恩格斯文集》第9卷,人民出版社2009年版,第514页

[**世界是一个有联系的整体。对世界的认识**]

体系学在黑格尔以后就不可能有了。世界表现为一个统一的体系,即一个有联系的整体,这是显而易见的,但是要认识这个体系,必须先认识**整个**自然界和历史,这种认识人们**永远不会**达到。因此,谁要建立体系,他就只好用**自己的臆造**来填补那无数的空白,也就是说,只好**不合理地**幻想,陷入意识形态。

合理的幻想——换句话说,就是综合!

《马克思恩格斯文集》第9卷,人民出版社2009年版,第346页

一个伟大的基本思想,即认为世界不是既成**事物**的集合体,而是**过程**的集合体,其中各个似乎稳定的事物同它们在我们头脑中的思想映象即概念一样都处在生成和灭亡的不断变化中,尽管有种种表面的偶然性,尽管有种种暂时的倒退,前进的发展终究会实现——这个伟大的基本思想,特别是从黑格尔以来,已经成了一般人的意识,以致它在这种一般形式中未必会遭到反对了。

《马克思恩格斯文集》第4卷,人民出版社2009年版,第298—299页

（二）自然界的所有过程都处于一种系统联系中，一切都是互为中介，连成一体，通过转化而联系的

关于自然界所有过程都处于一种系统联系中认识，推动科学到处从个别部分和整体上去证明这种系统联系。……事实上，世界体系的每一个思想映象，总是在客观上受到历史状况的限制，在主观上受到得出该思想映象的人的肉体状况和精神状况的限制。

《马克思恩格斯文集》第9卷，人民出版社2009年版，第40页

生命是蛋白体的存在方式，这种存在方式本质上就在于这些蛋白体的化学组成部分通过不断通过摄食和排泄而更新。

《马克思恩格斯文集》第9卷，人民出版社2009年版，第351页

再没有什么东西看起来比这个数量单位更简单了，但是，只要我们把它和相应的多联系起来，并且按照它从相应的多中产生出来的不同方式加以研究，就知道再没有什么比一更为多样化了。一首先是整个正负数系统中的基数，它自身不断相加可得出其他任何数目。——一可以表示一的所有正指数幂、负指数幂和分指数幂的表现：1^2，$\sqrt{1}$，1^{-2}都等于一。——一是分子和分母相等的一切分数的值。——一可以表示任何数的零次幂的表示，因此，它是在所有对数系统中其对数都相同即都等于零的唯一的数。这样，一是把所有可能的对数系统分成两个部分的界限：如果底大于一，则一切大于一的数的对数都是正的，而一切小于一的数的对数都是负的；如果底小于一，则结果相反。因此，如果说，任何数只要是由相加起来的一所组成，因而自身包含着一，那么，一自身也同样包含着其他一切数。这不仅就可能性来说是这样，因为我们能仅仅用一来构成任何数；而且是现实，因为一是其他任何数的特定的幂。数学家们不动声色地在自己的计算中引用 $X^0=1$，或引用分子和分母相等的分数，即其值等于一的分数，因而在数学上应用包含

在一中的多。再没有什么东西看起来比这个数量单位更简单了,但是,只要我们把它和相应的多联系起来,并且按照它从相应的多中产生出来的不同方式加以研究,就知道再没有什么比一更为多样化了。一首先是整个正负数系统中的基数,它自身不断相加可得出其他任何数目。——一可以表示一的所有正指数幂、负指数幂和分指数幂:2—21,榛1,1 都等于一。——一是分子和分母相等的一切分数的值。——一可以表示任何数的零次幂,因此,它是在所有对数系统中其对数都相同即都等于零的唯一的数。这样,一是把所有可能的对数系统分成两个部分的界限:如果底大于一,则一切大于一的数的对数都是正的,而一切小于一的数的对数都是负的;如果底小于一,则结果相反。因此,如果说,任何数只要是由相加起来的一所组成,因而自身包含着一,那么,一自身也同样包含着其他一切数。这不仅就可能性来说是这样,因为我们单纯用一就能构成任何数;而且就现实性来说也是这样,因为一是其他任何数的特定的幂。数学家们只要 0 觉得合适,便不动声色地在自己的计算中引用狓=1,或引用分子和分母相等的分数,即其值等于一的分数,因而在数学上应用包含在一中的多。可是,当人们按一般的说法对这些数学家讲,一和多是不可分的、相互渗透的两个概念,一寓于多中,同样,多也寓于一中,他们就会皱起鼻子,变起脸来。但是,只要我们一离开纯粹数的领域,就会看到情形确实如此。在测量长度、面积和体积时就已经看到,我们可以把相应量纲的任何数量当做单位,而在测量时间、重量和运动等等时也是如此。用于测量细胞,毫米和毫克还嫌太大;用于测量星球距离或光的速度,千米也嫌太小而不便使用,正如测量行星的质量,尤其是太阳的质量,千克也嫌太小了。这里清楚地表明,在这个乍看起来十分简单的单位概念中包含着何等的多样性和多。

《马克思恩格斯全集》第 26 卷,人民出版社 2014 年版,第 649—650 页

三角学。在综合几何学从三角形本身详述了三角形的性质并且再没有

什么新东西可说之后，一个更广阔的天地被一个非常简单的、彻底辩证的方法开拓出来了。三角形不再被孤立地只从它本身来考察，而是和另一种图形，和圆联系起来考察。每一个直角三角形都可以看做一个圆的附属物：如果斜边=r，则两条直角边分别为正弦和余弦；如果其中的一条直角边=r，则另一条直角边=正切，而斜边=正割。这样一来，边和角便得到了完全不同的、特定的相互关系，如果不把三角形和圆这样联系起来，这些关系是决不能发现和利用的。于是一种崭新的三角理论发展起来了，它远远地超过旧的三角理论而且到处可以应用，因为任何一个三角形都可以分成两个直角三角形。三角学从综合几何学中发展出来，这对辩证法来说是一个很好的例证，说明辩证法怎样从事物的相互联系中理解事物，而不是孤立地理解事物。

《马克思恩格斯全集》第 26 卷，人民出版社 2014 年版，第 653 页

事实上，直到上一世纪末，自然科学主要是**搜集材料的**科学，关于既成事物的科学，但是在本世纪，自然科学本质上是**整理材料**的科学，关于过程、关于这些事物的发生和发展以及关于联系——把这些自然过程结合为一个大的整体——的科学。……

但是，首先是三大发现使我们对自然过程的相互联系的认识大踏步地前进了：第一是发现了细胞，发现细胞是这样一种单位，整个植物体和动物体都是从它的繁殖和分化中发育起来的。这一发现，不仅使我们知道一切高等有机体都是按照一个共同规律发育和生长的，而且使我们通过细胞的变异能力看出有机体能改变自己的物种并从而能完成比个体发育更高的发育的道路。——第二是能量转化，它向我们表明了一切首先在无机界中起作用的所谓力，即机械力及其补充，所谓位能、热、辐射（光或辐射热）、电、磁、化学能，都是普遍运动的各种表现形式，这些运动形式按照一定的度量关系由一种转变为另一种，因此，当一种形式的量消失时，就有另一种形式的一定的量代之出现，因此，自然界中的一切运动都可以归结为一种形式向

另一种形式不断转化的过程。——最后,达尔文第一次从联系中证明,今天存在于我们周围的有机自然物,包括人在内,都是少数原始单细胞胚胎的长期发育过程的产物,而这些胚胎又是由那些通过化学途径产生的原生质或蛋白质形成的。

由于这三大发现和自然科学的其他巨大进步,我们现在不仅能够说明自然界中各个领域内的过程之间的联系,而且总的说来也能说明各个领域之间的联系了,这样,我们就能够依靠经验自然科学本身所提供的事实,以近乎系统的形式描绘出一幅自然界联系的清晰图画。

《马克思恩格斯文集》第4卷,人民出版社2009年版,第299—300页

……个体化的东西不断分解为元素的东西是自然过程的要素,正如元素的东西不断个体化也是自然过程的要素一样。

《马克思恩格斯全集》第30卷,人民出版社2009年版,第153页

发展似乎是在重复以往的阶段,但它是以另一种方式重复,是在更高的基础上重复(“否定的否定”),发展是按所谓螺旋式,而不是按直线式进行的;发展是飞跃式的、剧变式的、革命的;“渐进过程的中断”;量转化为质;发展的内因来自对某一物体、或在某一现象范围内或某一社会内发生作用的各种力量和趋势的矛盾或冲突;每种现象的**一切**方面(而且历史在不断地揭示出新的方面)相互依存,极其密切而不可分割地联系在一起,这种联系形成统一的、有规律的世界运动过程,——这就是辩证法这一内容更丰富的(与通常的相比)发展学说的若干特征。

《列宁全集》第26卷,人民出版社2017年版,第57页

一切vermittelt=都是经过中介,连成一体,通过过渡而联系的。打倒

天——**整个**世界(过程)的有规律的联系。

《列宁全集》第55卷,人民出版社
2017年版,第85页

一条河和河中的**水滴**。**每一**水滴的位置、它同其他水滴的关系;它同其他水滴的联系;它运动的方向;速度;运动的路线——直的、曲的、圆形的等等——向上、向下。运动的总和。概念是运动的各个方面、各个水滴(="事物")、各个"**细流**"等等的**总计**。

《列宁全集》第55卷,人民出版社
2017年版,第122—123页

每个事物(现象等等)的关系不仅是多种多样的,并且是一般的、普遍的。每个事物(现象、过程等等)是和其他的**每个**事物联系着的。

《列宁全集》第55卷,人民出版社
2009年版,第191页

(三)要认识世界上一切过程的"自己运动"、自生的发展,正如从简单范畴的辩证运功中产生群一样,从群的辩证运动中产生系列,从系列的辩证运动中又产生整个体系

正如从简单范畴的辩证运动中产生群一样,从群的辩证运动中产生系列,从系列的辩证运动中又产生整个体系。

《马克思恩格斯文集》第1卷,人民
出版社2009年版,第601页

唯物史观是以一定历史时期的物质经济生活条件来说明一切历史事件和观念,一切政治、哲学和宗教的。

《马克思恩格斯文集》第3卷,人民
出版社2009年版,第320页

这种近代德国哲学在黑格尔的体系中完成了，在这个体系中，黑格尔第一次——这是他的伟大功绩——把整个自然的、历史的和精神的世界描写为一个过程，即把它描写为处在不断的运动、变化、转变和发展中，并企图揭示这种运动和发展的内在联系。从这个观点看来，人类的历史已经不再是乱七八糟的、统统应当被这时已经成熟了的哲学理性的法庭所唾弃并最好尽快被人遗忘的毫无意义的暴力行为，而是人类本身的发展过程，而思维的任务现在就是要透过一切迷乱现象去探索这一过程的逐步发展的阶段，并且透过一切表面的偶然性揭示这一过程的内在规律性。

《马克思恩格斯文集》第3卷，人民出版社2009年版，第542页

必须先研究事物，尔后才能研究过程。必须先知道一个事物是什么，尔后才能觉察这个事物中所发生的变化。自然科学中的情形正是这样。

《马克思恩格斯文集》第4卷，人民出版社2009年版，第299页

辩证逻辑要求从事物的发展、“自己运动”（像黑格尔有时所说的）、变化中来考察事物。就玻璃杯来说，这一点不能一下子就很清楚地看出来，但是玻璃杯也并不是一成不变的，特别是玻璃杯的用途，它的使用，它同周围世界的**联系**，都是在变化着的。

《列宁全集》第40卷，人民出版社2017年版，第294页

要认识在“**自己运动**”中、自生发展中和蓬勃生活中的世界一切过程，就要把这些过程当做对立面的统一来认识。

《列宁全集》第55卷，人民出版社2017年版，第306页

使有限转化为无限的,不是外在的(fremde)力量(Gewalt),而是它(有限)的本性(seine Natur)。

《列宁全集》第55卷,人民出版社
2017年版,第92页

第二章　物质存在于一个永恒运动的循环系统之中

一、导　语

19世纪以来，马克思主义经典作家深刻揭示了辩证唯物主义的物质运动观，在他们看来：世界是物质的，而物质的结构层次是无限的。物质是运动的，运动在量上和质上都是不灭的，时间和空间是运动着的物质的存在形式……矛盾是物质运动的源泉，物质在时空中的运动是有规律的，物质的运动处在由量变到质变的永恒循环过程之中。然而，当时间跨入20世纪30年代的时候，人类改造自然的能力空前提高，不断创造出大量的物质文明，人类对客观世界的认识日新月异，"老三论""新三论"相继出现，传统的物质运动观面临着挑战、补充和发展，当我们运用自然科学的新成果捍卫、丰富和发展辩证唯物主义的物质运动观，重温经典作家著作的时候，我们再一次惊喜的发现经典作家物质运动观那绚丽迷人的光环，它天才的预示，包含了这样一种思想原则：自然界的一切物质都是由不同层次的等级结构组成的，都是一个不断进行物质、能量、信息交换的开放系统；在一定条件下，自然界中的复杂系统能通过"涨落"从无序运动到有序，又从有序运动到无序。整个自然界就处于这种永不停息的合乎"目的"的运动之中。

（一）物质的运动是系统的运动

在经典作家那里："运动，——不仅是物质的机械的和数学的运动，而且更是物质的冲动、活力、张力，或者用雅科布·伯麦的话来说，是物质的痛苦。”①“我们所接触到的整个自然界构成一个体系，即各种物体相联系的总体……这些物体处于某种联系之中，这就包含了这样的意思：它们是相互作用着的，而它们的相互作用就是运动。”②从经典作家的描述中，我们不难发现：一方面，运动是物质的“痛苦”，是物质内在结构和整体表现出来的一种功能。另一方面，运动是构成系统的诸要素之间相互联系和相互作用形成的。这样一来，我们在经典作家那里看到的运动不仅包括子系统（构成大系统的要素）的运动，而且包括大系统（由子系统构成）的运动，以至系统与系统之间的运动，一句话，没有系统的运动和没有运动的系统都是不可想象的，而事实上，就我们所处的整个世界来说，无论从宏观到微观，从无机界到有机界，还是从自然界到人类社会，无一不处在系统的运动之中，所以我们说物质的运动是系统的运动。

（二）自然界处于永不停息的自组织运动之中

贝塔朗菲在理论生物研究中，指出系统不是被动的，而是能动的，具有高度主动性的活动，这就是它的目的性。这里所说目的性是指系统在给定的条件下走向最稳定结构这个目标的一种自组织现象。普里高津指出：在远离平衡态时通过“涨落”可以使系统由不稳定跃迁到一个新的稳定的有序状态，形成耗散结构。哈根在协同学中，利用现代科学技术的新成就，在从微观到宏观世界的过渡上解决了为什么复杂系统具有目的性的问题。他指出：在任何一个多自由度的复杂系统中，无论是平衡、非平衡或远离平衡态，如果其中有一个或几个不稳定的自由度存在，那么它就要把稳定的自由度拖着走，一直拖到相空间的某一点，这个点就是该系统的一个稳定状态。这个稳定状态也可能不是一个点，而是一个振荡圈。这个圈或点就是该复杂系统的目标。这就是复杂系统呈现出自组织性的根本原因。

---

① 《马克思恩格斯文集》第1卷，人民出版社2009年版，第331页。
② 《马克思恩格斯文集》第9卷，人民出版社2009年版，第514页。

在经典作家那里,由于他们所处的时代限制,整个客观世界呈现在他们面前的也仅仅是一个粗线条的画面,但是他们仍通过这个粗线条的画面向我们揭示了世界的本来面貌。他们的揭示同现代系统理论的自组织运动的观点相比,如果也从粗线条来看的话,那么毫无疑问表现出了惊人的相似之处。“形成我们的宇宙岛的太阳系的炽热原料,是按自然的途径,即通过运动的转化产生出来的,而这种转化是运动着的物质天然具有的,因而转化的条件也必然要由物质再生产出来,尽管这种再生产要到亿万年之后才或多或少偶然地发生,然而也正是在这种偶然中包含着必然性。”①“……不论这个循环在时间和空间中如何经常地和如何无情地完成着,不论有多少亿个太阳和地球产生和灭亡,不论要经历多长时间才能在一个太阳系内而且只在一个行星上形成有机生命的条件,不论有多么多的数也数不尽的有机物必定先产生和灭亡,然后具有能思维的脑子的动物才从它们中间发展出来,并在一个很短的时间内找到适于生存的条件,而后又被残酷地毁灭,我们还是确信:物质在其一切变化中仍永远是物质,它的任何一个属性任何时候都不会丧失,因此,物质虽然必将以铁的必然性在地球上再次毁灭物质的最高的精华——思维着的精神,但在另外的地方和另一个时候又一定会以同样的铁的必然性把它重新产生出来。”②

在这里经典作家从宏观的角度天才的揭示了包括无机界、有机界、生物界,以至整个自然界和人类社会都处于永不停息的运动中,都呈现出系统在给定条件下走向最稳定结构这个目标的自组织现象。如果说经典作家在这里还只是就世界大系统而言去谈论系统运动的自组织运动的话,那么下面我们将看到他们的论述是在什么样的意义上包含和预示了系统的有序性原则的。“运动的形式变换总是至少发生在两个物体之间的一个过程,这两个物体中的一个失去一定量的一种质的运动(例如热),另一个就获得相当量的另一种质的运动(机械运动、电、化学分解)。因此,量和质在这里是双

① 《马克思恩格斯文集》第9卷,人民出版社2009年版,第424—425页。

② 《马克思恩格斯文集》第9卷,人民出版社2009年版,第426页。

方互相适应的”。①“每种现象的一切方面(而且历史在不断地揭示出新的方面)互相依存,极其密切而不可分割地联系在一起,这种联系形成统一的、有规律的世界运动过程”。②

在这里经典作家的论述深刻地隐含了这样的思想原则,任何现象(系统)至少是由两个要素构成的,并且处在相互依存相互作用的统一结构的稳定有序的整体之中,其发展有其内在必然的联系,即是有序的,而不是杂乱无章的,是走向其“目标”的自组织运动。难怪系统论的创始人贝塔朗菲认为:马克思和黑格尔的辩证法是他的理论先驱,美国 D·麦奎因和 T·安贝吉认为,马克思是一位早期的系统论者,他的“理论工作的主要部分都可以看作是富有成果的现代系统方法研究的先声。”③

(三)差异性和统一性、连续性和问题性的统一

自然界是由不同层次的等级结构组成的,纯粹量的变化和结构的不同,都将引起物质系统功能的质变,整个自然界就是这种差异性和统一性、连续性和间断性的统一。

自然界不仅任一客体有其结构,不同结构具有不同功能,而且整个自然界也是一个结构有序、有多层次等级结构的统一体。自然界的多样性、统一性正是通过由量变到质变的层次性表现出来的。无机界是由质子——基本粒子——原子核——原子——地上物体——行星——星系——星系团——超星系……组成的。每个层次无论在空间广延上还是在时间序列上都是自然界这个有机整体的一个环节,一个“关节点”,正如经典作家指出的“不论人们对物质构造采取什么样的观点,下面这一点是十分肯定的:物质按质量的相对的大小分成一系列大的、界限分明的组……目力所及的恒星系,太阳系,地球上的物体,分子和原子,最后,以太粒子,都各自形成这样的一组。④”正是这些不同层次的等级,形成整个自然界普遍联系和发展的生动

① 《马克思恩格斯文集》第9卷,人民出版社2009年版,第465页。
② 《列宁全集》第26卷,人民出版社2017年版,第57页。
③ 转引自《马克思和现代系统论》,《国外社会科学》1979年第6期。
④ 《马克思恩格斯文集》第9卷,人民出版社2009年版,第543页。

画面，呈现出五彩缤纷的万千世界。

在化学领域“例如正烷属烃 C_nH_{2n+2} 中；最低的是甲烷 CH_4，是气体；已知的最高的是十六烷 $C_{16}H_{34}$，是一种形成无色结晶的固体，在 21℃溶融，在 278℃才沸腾。在这两个系列中，每一个新的项都是由于把 CH_2，即一个碳原子和两个氢原子，加进前一个项的分子式而形成的，分子式的这种量的变化，每一次都引起一个质上不同的物体的形成。”①“最简单的例子是氧和臭氧，在这里 2∶3 就造成一些完全不同的属性，甚至气味也不同。化学也只用分子中原子数目的不同去说明其他的同素异形体。”②尽管要素相同，但由于量的变化和结构的不同，同样形成不同质的功能。

在生物界，按其组成可分为生物大分子——细胞器——细胞——组织——器官——系统——个体——群体——生态群——生物圈等层次。整个生物界包括 100 多万种动物和 30 多万种植物，按照其亲缘关系可分为种、属、科、目、纲、门等不同的层次。尽管每一层次的事物形态各异，但都具有类似的结构和功能，自然界各种物质形态的差异性与统一性，以及发展阶段上的连续性与间断性就由此而来。

正如经典作家所指出的：“我们看到，纯粹的量的分割是有一个极限的，到了这个极限，量的分割就转化为质的差别；物体纯粹由分子构成，但它是本质上不同于分子的东西，正如分子又不同于原子一样，正是由于这种差别，作为关于天体和地上的物体的科学的力学，才同作为分子力学的物理学以及作为原子物理学的化学区分开来。”③

关于质与量、结构与功能，在社会领域，经典作家同样也给我们找到了例子，“他就是拿破仑。拿破仑描写过骑术不精、但有纪律的法国骑兵和当时无疑地最善于单个格斗、但没有纪律的骑兵——马木留克兵之间的战斗，他写道：‘两个马木留克兵绝对能打赢三个法国兵，100 法国兵与 100 个马木留克兵势均力敌，300 个法国兵大都能战胜 300 个马木留克兵，而 1000

---

① 《马克思恩格斯文集》第 9 卷，人民出版社 2009 年版，第 135 页。
② 《马克思恩格斯全集》第 26 卷，人民出版社 2014 年版，第 739 页。
③ 《马克思恩格斯文集》第 9 卷，人民出版社 2009 年版，第 466 页。

个法国兵总能打败1500个马木留克兵。'"①

在这里敌对双方单纯量的增加,却引起了双方力量对比向反比例方向发展的绝对差异。其原因在于:法国兵纪律严明,在参战人员数量增加的情况下,呈现出整体大于部分之和的整体优化效应;而马木留克兵则适得其反,像一篓子螃蟹,内耗过大,呈现出整体小于部分之和的负效应。这种由于数量的原因而引起的绝对差异,又一次生动的向我们展现了系统运动过程中结构与功能、整体与部分的差异协同。

整个自然界,以至人类社会就是这种差异性与统一性,连续性与间断性的统一。就某一特定层次来说,各种物质形态的结构是有限的,间断的,共同的;但就各层次相互联系的整个自然界总体而言,物质形态的结构又是无限的,连续的,不同的;不同层次的物质具有本质的差别,表现出不同的功能,这种低层次和高层次事物是相互依存、相互作用和相互转化的对立统一关系。低层次事物是高层次事物发展的基础,而高层次事物反过来又带动低层次事物的发展。低与高也是相对的概念,对高一层次为低,而对较低的层次,它则是最高一级的层次了。整个自然界如此,其中任何一个客体也是如此,人造自然更是如此。

这样,以经典作家为先驱的系统论和以系统论的哲学思考为补充和发展的马克思主义认识论,就运动观而论,它不仅使人们具体认识到自然界处于怎样的状态,为什么处于这种状态,而且使人们了解到一种运动为什么和怎样转变为另一种运动状态,从而大大丰富和深化了人们对物质运动的认识。

二、摘　编

(一)宇宙作为无限的进步过程,是物质运动的一个永恒的循环

在物质固有的特性中,第一个特性而且是最重要的特性是运动,——不

① 《马克思恩格斯文集》第9卷,人民出版社2009年版,第136页。

仅是物质的机械的和数学的运动,而且更是物质的冲动、活力、张力,或者用雅科布·伯麦的话来说,是物质的痛苦[Qual]。物质的原始形式是物质内部所固有的、活生生的、本质的力量,这些力量使物质获得个性,并造成各种特殊的差异。

《马克思恩格斯文集》第1卷,人民出版社2009年版,第331页

运动是物质的存在方式。无论何时何地,都没有也不可能有没有运动的物质。宇宙空间中的运动,各个天体上较小的物体的机械运动,表现为热或者表现为电流或磁流的分子振动,化学的分解和化合,有机生命——宇宙中的每一个物质原子在每一瞬间都处在一种或另一种上述运动形式中,或者同时处在数种上述运动形式中。任何静止、任何平衡都只是相对的,只有对这种或那种特定的运动形式来说才是有意义的。例如,某一物体在地球上可以处于机械的平衡,即处于力学意义上的静止;这决不妨碍这一物体参加地球的运动和整个太阳系的运动,同样也不妨碍它的最小的物理粒子实现由它的温度所造成的振动,也不妨碍它的物质原子经历化学的过程。没有运动的物质和没有物质的运动一样,是不可想象的。因此,运动和物质本身一样,是既不能创造也不能消灭的;正如比较早的哲学(笛卡儿)所说的:存在于宇宙中的运动的量永远是一样的。因此,运动不能创造,只能转移。如果运动从一个物体转移到另一个物体,如果它是自己转移的,是主动的,那么就可以把它看做是被转移的、被动的运动的原因。我们把这种主动的运动叫做力,把被动的运动叫做力的表现。因此非常明显,力和力的表现是一样大的,因为在它们两者中,实现的是同一的运动。

《马克思恩格斯文集》第9卷,人民出版社2009年版,第64页

在生物学研究的领域中,特别是由于自上世纪中叶以来系统地进行的科学考察旅行,由于生活在当地的专家对世界各大洲的欧洲殖民地的更精

确的考察,此外还由于古生物学、解剖学和生理学的进步,尤其是从系统地应用显微镜和发现细胞以来的进步,已积累了大量的材料,使得运用比较的方法成为可能,同时也成为必要。一方面,由于有了比较自然地理学,查明了各种不同的植物区系和动物区系的生存条件;另一方面,对各种不同的有机体按照它们的同类器官相互进行了比较,不仅就它们的成熟状态,而且就它们的一切发展阶段进行了比较。这种研究越是深刻和精确,那种固定不变的有机界的僵硬系统就越是一触即溃。不仅动物和植物的单个的种之间的界线无可挽回地变得越来越模糊,而且冒出了像文昌鱼和南美肺鱼这样一些使以往的一切分类方法遭到嘲弄的动物;最后,甚至发现了说不清是属于植物界还是动物界的有机体。古生物学档案中的空白越来越多地被填补起来了,甚至最顽固的分子也被迫承认整个有机界的发展史和单个机体的发展史之间存在着令人信服的一致,承认有一条阿莉阿德尼线,它可以把人们从植物学和动物学似乎越来越深地陷进去的迷宫中引导出来。值得注意的是:几乎在康德攻击太阳系的永恒性的同时,即在1759年,卡·弗·沃尔弗对物种不变进行了第一次攻击,并且宣布了种源说。但是这在他那里不过是天才的预见,到了奥肯、拉马克、贝尔那里才具有了确定的形式,而在整整100年以后,即1859年,才由达尔文胜利地完成了。几乎同时还发现,以前被说成是一切有机体的最后构成成分的原生质和细胞,原来是独立生存着的最低级的有机形式。因此,不仅无机界和有机界之间的鸿沟缩减到最小限度,而且机体种源说过去遇到的一个最根本的困难也被排除了。新的自然观就其基本点来说已经完备:一切僵硬的东西溶解了,一切固定的东西消散了,一切被当做永恒存在的特殊的东西变成了转瞬即逝的东西,整个自然界被证明是在永恒的流动和循环中运动着。

《马克思恩格斯文集》第9卷,人民出版社2009年版,第417—418页

形成我们的宇宙岛的太阳系的炽热原料,是按自然的途径,即通过运动的转化产生出来的,而这种转化是运动着的物质天然具有的,因而转化的条

件也必然要由物质再生产出来，尽管这种再生产要到亿万年之后才或多或少偶然地发生，然而也正是在这种偶然中包含着必然性。

《马克思恩格斯文集》第9卷，人民出版社2009年版，第424—425页

这是物质运动的一个永恒的循环，这个循环完成其轨道所经历的时间用我们的地球年是无法量度的，在这个循环中，最高发展的时间，即有机生命的时间，尤其是具有自我意识和自然界意识的人的生命的时间，如同生命和自我意识的活动空间一样，是极为有限的；在这个循环中，物质的每一有限的存在方式，不论是太阳或星云，个别动物或动物种属，化学的化合或分解，都同样是暂时的，而且除了永恒变化着的、永恒运动着的物质及其运动和变化的规律以外，再没有什么永恒的东西了。但是，不论这个循环在时间和空间中如何经常地和如何无情地完成着，不论有多少亿个太阳和地球产生和灭亡，不论要经历多长时间才能在一个太阳系内而且只在一个行星上形成有机生命的条件，不论有多么多的数也数不尽的有机物必定先产生和灭亡，然后具有能思维的脑子的动物才从它们中间发展出来，并在一个很短的时间内找到适于生存的条件，而后又被残酷地毁灭，我们还是确信：物质在其一切变化中仍永远是物质，它的任何一个属性任何时候都不会丧失，因此，物质虽然必将以铁的必然性在地球上再次毁灭物质的最高的精华——思维着的精神，但在另外的地方和另一个时候又一定会以同样的铁的必然性把它重新产生出来。

《马克思恩格斯文集》第9卷，人民出版社2009年版，第426页

当我们说，物质和运动既不能创造也不能消灭的时候，我们是说：宇宙是作为无限的进展过程而存在着，即以恶无限性的形式存在着，而且这样一来，我们就对这个过程理解了所必须理解的一切。最多还有这样的问题：这个过程是同一个东西——在大循环中——的某种永恒的重复呢，还是这个

循环有向下的和向上的分支。

《马克思恩格斯文集》第9卷，人民出版社2009年版，第501页

物体只有在运动之中才显示出它是什么。因此，自然科学只有在物体的相互关系之中，在物体的运动之中观察物体，才能认识物体。

《马克思恩格斯文集》第10卷，人民出版社2009年版，第385页

（二）相互作用是我们从现代自然科学的观点考察整个运动着的物质时首先遇到的东西。宇宙中的一切吸引运功和一切排斥运动，一定是互相平衡的

思维既把相互联系的要素联合为一个统一体，同样也把意识的对象分解为它们的要素。没有分析就没有综合。

《马克思恩格斯文集》第9卷，人民出版社2009年版，第45页

尽管会有种种渐进性，但是从一种运动形式转变到另一种运动形式，总是一种飞跃，一种决定性的转折。从天体力学转变到个别天体上较小物体的力学是如此，从物体力学转变到分子力学——包括本来意义上的物理学所研究的热、光、电、磁这些运动——也是如此。从分子物理学转变到原子物理学——化学，同样也是通过决定性的飞跃完成的；从普通的化学作用转变到我们称之为生命的蛋白质的化学机理，更是如此。在生命的范围内，飞跃往后就变得越来越稀少和不显著。——这样又要黑格尔来纠正杜林先生了。

《马克思恩格斯文集》第9卷，人民出版社2009年版，第71页

一切运动都在于吸引和排斥的相互作用。然而运动只是在每一个吸引被另一处的相当的排斥所抵偿时,才有可能发生。否则一方会逐渐胜过另一方,运动最后就会停止。所以,宇宙中的一切吸引和一切排斥,一定是互相平衡的。

《马克思恩格斯文集》第 9 卷,人民出版社 2009 年版,第 515—516 页

因此,我们现在不再是只有吸引和排斥两种简单的基本形式,而有一大串从属形式,那种在吸引和排斥的对立中展开和收敛的包罗万象的运动的过程,就是在这些从属形式中进行的。但是,把这形形色色的现象形式归纳到运动这一总的名称之下,这决不仅仅是我们的理解。相反,这些形式本身通过实际过程就证明它们是同一运动的不同形式,因为在某些情况下它们会互相转化。

《马克思恩格斯文集》第 9 卷,人民出版社 2009 年版,第 521—522 页

运动和平衡。平衡和运动是分不开的。在天体的运动中,存在着平衡中的运动和运动中的平衡(相对的)。但是,任何特殊的相对的运动,即这里的一个运动着的天体上的单个物体的所有单个运动,都趋向于实现相对静止即平衡。物体相对静止的可能性,暂时的平衡状态的可能性,是物质分化的本质条件,因而也是生命的本质条件。在太阳上没有单个物体的平衡,而只有整个物体的平衡,或者说只有一种极微不足道的、由密度的显著差异所制约的平衡,而在表面上则是永恒的运动和不平静,离解。在月球上似乎只有平衡占统治地位,没有任何相对的运动——死亡(月球=否定性)。在地球上,运动分化为运动和平衡的变换:单个运动趋向平衡,而总体运动又破坏单个平衡。岩石进入静止状态,但是剥蚀,海浪、河流、冰川的作用,不断地破坏这个平衡。蒸发和雨,风,热,电和磁的现象,也造成同样的景象。最后,在活的有机体中我们看到一切最小的单位和较大的器官的持续不断

的运动,这种运动在正常的生存时期以整个有机体的持续平衡为其结果,然而又始终处在运动之中,这是运动和平衡的活的统一。

一切平衡都只是相对的和暂时的。

《马克思恩格斯文集》第9卷,人民出版社2009年版,第533页

同一性——抽象的,a=a;否定的说法:a不能同时既等于a又不等于a——这在有机自然界中同样是不适用的。植物,动物,每一个细胞,在其生存的每一瞬间,都和自身同一而又和自身相区别,这是由于各种物质的吸收和排泄,由于呼吸,由于细胞的形成和死亡,由于循环过程的进行,一句话,由于全部无休止的分子变化,而这些分子变化便形成生命,其累积的结果一目了然地显现在各个生命阶段上——胚胎生命,少年,性成熟,繁殖过程,老年,死亡。生理学越向前发展,这种无休止的、无限小的变化对于它就越重要,因而对同一性内部的差异的考察也越重要,而旧的、抽象的、形式上的同一性观点,即把有机物看做只和自身同一的东西、看做固定不变的东西的观点过时了。

《马克思恩格斯文集》第9卷,人民出版社2009年版,第475—476页

但是,我们不仅发现某一个运动后面跟随着另一个运动,而且我们也发现,只要我们造成某个运动在自然界中发生时所必需的那些条件,我们就能引起这个运动,甚至我们还能引起自然界中根本不发生的运动(工业),至少不是以这种方式发生的运动,并且我们能赋予这些运动以预先规定的方向和范围。因此,由于人的活动,因果观念即一个运动是另一个运动的原因这样一种观念得到确证。的确,单是某些自然现象的有规则的前后相继,就能造成因果观念:热和光随太阳而来;但是这里不存在任何证明,而且就这个意义来说,休谟的怀疑论也许说得对:有规则的post hoc[在此之后]决不能为propter hoc[因此]提供根据。但是人的活动对

因果性作出验证。

《马克思恩格斯文集》第9卷，人民出版社2009年版，第482—483页

相互作用是我们从现今自然科学的观点出发在整体上考察运动着的物质时首先遇到的东西。我们看到一系列的运动形式，机械运动、热、光、电、磁、化合和分解、聚集状态的转化、有机的生命，如果我们暂且把有机的生命排除在外，那么，这一切都是互相转化、互相制约的，在这里是原因，在那里就是结果，运动尽管有种种不断变换的形式，但是运动的总和始终不变。机械运动转化为热、电、磁、光等等，反之亦然。因此，自然科学证实了黑格尔曾经说过的话（在什么地方?）：相互作用是事物的真正的终极原因。

《马克思恩格斯文集》第9卷，人民出版社2009年版，第481—482页

运动的转移当然只是在**所有**各种条件齐备的时候才会发生，这些条件常常是多种多样的和复杂的，特别是在机器中（蒸汽机，装有枪机、撞针、火帽和火药的枪支）。如果缺少**一个**条件，那么在这个条件产生以前，转移是不会发生的。

《马克思恩格斯文集》第9卷，人民出版社2009年版，第537页

会使老头子黑格尔感到很高兴的另一个结果就是物理学中各种力的相互关系，或这样一种规律：在一定条件下，机械运动，即机械力转化为热（比如经过摩擦），热转化为光，光转化为化学亲合力，化学亲合力转化为电（如如在伏打电堆中），电转化为磁。这些转化也能通过其他方式来回地进行。现在有个英国人（他的名字我想不起来了）已经证明：这些力是按照完全确定的数量关系相互转化的，一定量的某种力，例如电，相当于一定量的其他任何一种力，例如磁、光、热、化学亲合力（正的或负的、化合的或分解的）以

及运动。这样一来，荒谬的潜热论就被推翻了。然而，这难道不是关于反思规定如何互相转化的一个绝妙的物质例证吗？

《马克思恩格斯文集》第10卷，人民出版社2009年版，第163—164页

（“宇宙的谐和”）‖

音乐的和谐与毕达哥拉斯的哲学：

主观对客观的关系 |||

“……毕达哥拉斯把主观的、凭听力获得的、简单的、本身又处在比例关系中的感觉归于知性，而且是用严格的规定把它判归知性的。”（第262页）

第265—266页：星辰的运动——这一运动的和谐——是我们所听不到的**歌唱着**的天体的和谐（**毕达哥拉斯派**的看法）。亚里士多德《**天论**》第2篇第13章（和第9章）：

“……毕达哥拉斯派把火看做中心，而把地球看做环绕着这个中心体在一个圆形轨道上运动着的星体……”但在他们看来，这个火并非太阳……“他们在这里不是依靠感性的外观，而是依靠根据……这10个天体”

10个天体或10个行星的轨道或运动：水星、金星、火星、木星、土星、太阳、月亮、地球、银河以及“为了整数”、为了10这个数而臆想出来的Gegenerde（——地球的对立体？）“像一切运动的物体一样，发出响声；但每一个天体因其大小和速度的差异而音调各异。这是由不同的距离决定的，这些距离与音乐里的音程相适应，彼此间有一种和谐的关系；由此，就产生了运动着的天体（世界）的一种和谐的声音（音乐）……”

《列宁全集》第55卷，人民出版社2017年版，第210页

（三）运动形式的变化总是至少在两个物体之间发生的过程，纯粹的量的分割是有一个极限的，到了这个极限它就转化为质的差别

这里所说的是碳化物的同系列，其中很多已为大家所知道，它们每一个都有自己的代数组成式。如果我们按化学上的通例，用C表示碳原子，用H表示氢原子，用O表示氧原子，用n表示每一个化合物中所包含的碳原子的数目，那么我们就可以把这些系列中某几个系列的分子式表示如下：

C_nH_{2n+2}——正烷属烃系列

$C_nH_{2n+2}O$——伯醇系列

$C_nH_{2n}O_2$——一元脂肪酸系列

如果我们以最后一个系列为例，并依次假定n=1，n=2，n=3等等，那么我们就得到下述的结果（除去同分异构体）：

CH_2O_2——甲酸——沸点　100°　熔点1°

$C_2H_4O_2$——乙酸——沸点　118°　熔点17°

$C_3H_6O_2$——丙酸——沸点　140°　熔点—

$C_4H_8O_2$——丁酸——沸点　162°　熔点—

$C_5H_{10}O_2$——戊酸——沸点　175°　熔点—

等等，一直到$C_{30}H_{60}O_2$三十烷酸，它到80°才熔解，而且根本没有沸点，因为它要是不分解，就根本不能气化。

因此，这里我们看到了由于元素的单纯的数量增加——而且总是按同一比例——而形成的一系列在质上不同的物体。这种情况在化合物的一切元素都按同一比例改变它的量的地方表现得最为纯粹，例如在正烷属烃C_nH_{2n+2}中：最低的是甲烷CH_4，是气体；已知的最高的是十六烷$C_{16}H_{34}$，是一种形成无色结晶的固体，在21°熔融，在278°才沸腾。在两个系列中，每一个新的项都是由于把CH_2，即一个碳原子和两个氢原子，加进前一项的分子式而形成的，分子式的这种量的变化，每一次都引起一个质上不同的物体的形成。

《马克思恩格斯文集》第9卷，人民出版社2009年版，第134—135页

我们还想为量转变为质找一个证人，他就是拿破仑。拿破仑描写过骑术不精、但有纪律的法国骑兵和当时无疑地最善于单个格斗、但没有纪律的骑兵——马木留克兵之间的战斗，他写道：

“两个马木留克兵绝对能打赢三个法国兵；100 个法国兵与 100 个马木留克兵势均力敌，300 个法国兵大都能战胜 300 个马木留克兵，而 1000 个法国兵则总能打败 1500 个马木留克兵。”

正如马克思所说的，要使交换价值额能转变为资本，就必须有一定的最低限度的交换价值额，尽管是可变化的；同样，在拿破仑看来，要使整体队形和有计划行动中所包含的纪律的力量显示出来，而且要使这种力量甚至胜过马匹较好、骑术和刀法较精、至少同样勇敢而人数较多的非正规骑兵，就必须有一定的最低限度的骑兵的数量。

《马克思恩格斯文集》第 9 卷，人民出版社 2009 年版，第 136 页

丁酸是与甲酸丙酯不同的物体。但二者是由同一些化学实体——碳(C)、氢(H)、氧(O)构成，而且是以相同的百分比构成，即 $C_4H_8O_2$。假如甲酸丙酯被看做与丁酸相等，那么，在这个关系中，第一，甲酸丙酯只是 $C_4H_8O_2$ 的存在形式，第二，就是说，丁酸也是由 $C_4H_8O_2$ 构成的。可见，通过使甲酸丙酯同丁酸相等，丁酸与自身的物体形式不同的化学实体被表现出来了。

《马克思恩格斯文集》第 5 卷，人民出版社 2009 年版，第 64 页

运动的形式变换总是至少发生要在两个物体之间的一个过程，这两个物体中的一个失去一定量的一种质的运动（例如热），另一个就获得相当量的另一种质的运动（机械运动、电、化学分解）。因此，量和质在这里是双方

互相适应的。直到现在还无法在一个单独的孤立的物体内部使运动从一种形式转化为另一种形式。

《马克思恩格斯文集》第9卷，人民出版社2009年版，第465页

这样，我们看到，纯粹的量的分割是有一个极限的，到了这个极限，量的分割说转化为质的差别：物体纯粹由分子构成，但它是本质上不同于分子的东西，正如分子又不同于原子一样。正是由于这种差别，作为关于天体和地球上物体的科学的力学，才同作为分子力学的物理学以及作为原子物理学的化学区分开来。

《马克思恩格斯文集》第9卷，人民出版社2009年版，第466页

我们越来越不得不承认：物质的离散有一个界限，达到这个界限，吸引就转变为排斥；反之，被排斥的物质的凝缩也有一个界限，达到这个界限，排斥就转变为吸引。

《马克思恩格斯文集》第9卷，人民出版社2009年版，第531页

因此，不论人们对物质构造采取什么样的观点，下面这一点是十分肯定的：物质按质量的相对的大小分成一系列大的、界限分明的组，每一组的各个成员在质量上各有一定的、有限的比值，但相对于邻近的组的各个成员则具有数学意义上的无限大或无限小的比值。目力所及的恒星系，太阳系，地球上的物体，分子和原子，最后，以太粒子，都各自形成这样的一组。这种情况不会因为我们在各组之间发现中间成员而有所改变。例如，在太阳系的物体和地球上的物体之间有小行星，其中一些小行星的直径并不比罗伊斯幼系公国的直径大些，此外还有流星等等。例如，在地球上的物体和分子之间有有机界中的细胞。这些中间成员只是证明：自然界中没有飞跃，正是因

为自然界全是由飞跃所组成的。

《马克思恩格斯文集》第 9 卷，人民出版社 2009 年版，第 543 页

量和质。数是我们所知道的最纯粹的量的规定。但是它充满了质的差异。

……

数学一谈到无限大和无限小，它就导入一个质的差异，这个差异甚至表现为不可克服的质的对立：量之间的差异太大了，以至它们之间不再有任何合理的关系，无法进行任何比较，它们变成在量上不可通约的了。例如，圆和直线通常是不可通约的，这也是一种辩证的质的差异；但是在这里正是同类数量的量的差异把质的差异提高到不可通约的地步。

《马克思恩格斯全集》第 26 卷，人民出版社 2014 年版，第 646—647 页

零是任何一个确定的量的否定，所以不是没有内容的。相反，零具有非常确定的内容。作为一切正数和负数之间的界限，作为可以既不是正又不是负的唯一真正的中性数，零不只是一个非常确定的数，而且它本身比其他一切以它为界限的数都更重要。事实上，零比其他任何一个数都有更丰富的内容。把它放在其他任何一个数的右边，按我们的记数法它就使该数变成原来的十倍。在这里，本来也可以用其他任何一个记号来代替零，但是有一个条件，即这个记号就其本身来说表示零，即等于 0。因此，零本身的性质决定了零有这样的用处，而且唯有它才能够被这样应用。零乘任何一个数，都使这个数变成零；零除任何一个数，都使这个数变成无限大，零被任何一个数除，都使这个数变成无限小；它是和其他任何一个数都有无限关系的唯一的数。0 可以表现 $-\infty$ 和 $+\infty$ 之间的任何数，而且在每一种情况下都代表一个现实的量。——一个方程式的真实内容，只有当它的所有各项都被

移到一边，从而把它的值约简为零时，才能清楚地表现出来，这在二次方程式中已是如此，而在高等代数学中几乎是一般的规则。一个函数 F(狓,犳)=0，同样可以使之等于犣，而这个犣虽然等于 0，却可以像普通的因变量一样被微分，而且可以求得它的偏微商。

但是，任何一个量的无，本身还是有量的规定的，并且仅仅因此才能用零来运算。一些数学家心安理得地以上述方式用零进行运算，即把零当做特定的量的观念而用于运算，使它和其他量的观念发生量的关系，而当他们看到黑格尔把这一点概括成某物的无是一个特定的无时，却大惊失色。

现在来谈(解析)几何。在这里零是一个特定的点，从这个点起，一条直线上某一方向定为正，而相反的方向定为负。因此，在这里零点不仅和表示某一正量或负量的任何点同样重要，而且比所有这些点更重要得多：它是所有这些点所依存、所有这些点与之发生关系、所有这些点由之决定的一点。在许多情况下，这个点甚至可以任意选定。但是一经选定，它就始终是全部运算的中心点，甚至常常决定其他各点(横坐标终点)所在的线的方向。例如，如果我们为了求得圆的方程式而选择圆周上的任何一点作为零点，那么横坐标轴必定通过圆心。这一切在力学中也得到应用，在那里，在计算运动时，每次选定的零点都构成整个运算的轴心。温度表上的零点是一个温度段的十分确定的下限，这个温度段可以任意分成若干度数，从而既可以用做这一温度段内各温度等级的量度，也可以用做更高温度或更低温度的量度。因此，零点在这里也是一个极其重要的点。甚至温度表上的绝对零点也决不代表纯粹的、抽象的否定，而是代表物质的十分确定的状态，即一个界限，一旦达到这个界限，分子独立运动的最后痕迹便消失了，而物质只是作为质量起着作用。总之，无论我们在什么地方碰到零，它总是代表某种十分确定的东西，而它在几何学、力学等等中的实际应用又证明：作为界限，它比其他一切以它为界限的现实的量都更加重要。

《马克思恩格斯全集》第 26 卷，人民出版社 2014 年版，第 647—649 页零次幂。在对数序列 $\overset{0.}{10^0}.\ \overset{1.}{10^1}.\ \overset{2.}{10^2}.\ \overset{3.}{10^3}.$ log 中,零次幂是重要的。一切变数都会在某个地方经过一;因此,如果 $x = 0$,那么以变数作为指数的常数 $a^x = 1$。$a^0 = 1$ 所表现的,不外是和 a 的幂序列的其他各项联系起来去理解的一,只有在这种情形下才有意义,才能得出结果($\sum x^0 = \frac{x}{\omega}$),否则就不成。由此可知:尽管一看起来和自身多么等同,它本身却包含着无限的多样性,因为它可以是任何一个数的零次幂;这种多样性决不是纯粹虚构的,凡是一被看做确定的一,被看做和某个过程相联系的该过程的可变的结果之一(被看做某一变量的暂时的数值或形式)的时候,都会得到证明。

$\sqrt{-1}$。——代数学上的负数,只是对正数而言,只是在和正数的关系中才是实在的;在这种关系之外,就其本身来说,它们纯粹是虚构的。在三角学、解析几何以及以这两者为基础的高等数学的某些分支中,它们是表示和正的运动方向相反的一定的运动方向;但是,不论从第一象限或第四象限都同样能计算出圆的正弦和正切,这样就可以把正和负直接颠倒过来。同样,在解析几何中,圆中的横坐标从圆周或从圆心开始都能够被计算出来,而且,在一切曲线中,横坐标都能够从通常定为负的方向上的曲线,[或者]从任何其他方向上的曲线被计算出来,并得出正确的、合理的曲线方程式。在这里,正只是作为负的补充而存在,反之亦然。但是代数学的抽象把负数当做独立的实数,即使是在和某些**较大**的正数的关系之外,也是如此。

《马克思恩格斯全集》第 26 卷,人民出版社 2014 年版,第 650—651 页

量到质的转化:最简单的例子是**氧**和**臭氧**,在这里 2∶3 就造成一些完全不同的属性,甚至气味也不同。化学也只用分子中原子数目的不同去说明其他的同素异形体。

《马克思恩格斯全集》第 26 卷,人民出版社 2014 年版,第 739 页

霍夫曼的书已经读过。这种比较新的化学理论,虽然有种种缺点,但是与以前的原子理论来是一大进步。作为物质的**能独立存在**的最小部分的分子,是一个完全合理的范畴,如黑格尔所说的,是在分割的无穷系列中的一个"关节点",它并不结束这个系列,而是规定质的差别。从前被描写成可分性的极限的原子,现在只不过是一种**关系**,虽然霍夫曼先生自己经常回到旧观念中去,说什么存在着真正不可分割的原子。

《马克思恩格斯文集》第 10 卷,人民出版社 2009 年版,第 261—262 页

(四)不但要研究每一个大系统的物质运动形式的特殊的矛盾性及其所规定的本质,而且要研究每一个物质运动形式在其发展长途中的每一个过程的特殊的矛盾及其本质

一切发展,不管其内容如何,都可以看做一系列不同的发展阶段,它们以一个**否定**另一个的方式彼此联系着。比方说,人民在自己的发展中从君主专制过渡到君主立宪,就是**否定**自己从前的政治存在。任何领域的发展不可能不否定自己从前的存在形式。而用道德的语言来讲,**否定**就是**背弃**。

《马克思恩格斯选集》第 1 卷,人民出版社 1972 年版,第 169 页

科学分类。每一门科学都是分析某一个别的运动形式或一系列互相关联和互相转化的运动形式的,因此,科学分类就是这些运动形式本身依其内在序列所进行的分类、排列,科学分类的重要性也正在于此。

《马克思恩格斯文集》第 9 卷,人民出版社 2009 年版,第 504 页

正如资产阶级依靠大工业、竞争和世界市场在实践中推翻了一切稳固的、历来受人尊崇的制度一样,这种辩证哲学推翻了一切关于最终的绝对真

理和与之相应的绝对的人类状态的观念。在它面前，不存在任何最终的、绝对的、神圣的东西；它指出所有一切事物的暂时性；在它面前，除了生成和灭亡、无止境地由低级上升到高级的不断过程，什么都不存在。它本身就是这个过程在思维着的头脑中的反映。

《马克思恩格斯文集》第 4 卷，人民出版社 2009 年版，第 270 页

（五）系统物质世界按固有规律运动着、发展着。整体优化是系统乃至整个客观世界运动、发展的趋势和方向

生产力的增长、社会关系的破坏、观念的形成都是不断运动的，只有运动的抽象即“不死的死”才是停滞不动的。

《马克思恩格斯文集》第 1 卷，人民出版社 2009 年版，第 603 页

辩证法在考察事物及其在观念上的反映时，本质上是从它们的联系、它们的联结、它们的运动、它们的产生和消逝方面去考察的。

《马克思恩格斯文集》第 3 卷，人民出版社 2009 年版，第 541 页

整个自然界，从最小的东西到最大的东西，从沙粒到太阳，从原生生物到人，都处于永恒的产生和消逝中，处于不断的流动中，处于不息的运动和变化中。

《马克思恩格斯文集》第 9 卷，人民出版社 2009 年版，第 418 页

自然界和社会中的一切界限都是有条件的和可变动的，没有任何一种现象不能在一定条件下转化为自己的对立面。

《列宁全集》第 28 卷，人民出版社 2017 年版，第 5 页

一切就都相互过渡,因为发展显然不是简单的、普遍的和永恒的**生长**、**增多**(或减少)等等。

《列宁全集》第 55 卷,人民出版社
2017 年版,第 215 页

第三章　系统原则是辩证法的直接前提

一、导　语

当马克思和恩格斯在细胞学说、能量守恒和转化定律以及达尔文进化论的三大发现基础上，认为“我们能够依靠经验自然科学本身提供的事实，以近乎系统的形式描绘出一幅自然界联系的清晰图画”（恩格斯:《德国古典哲学的终结》第 36 页）时，事实上已将系统原则作为唯物辩证法的精髓引入了哲学理性思维的辩证革命的过程之中。所以，唯物辩证法的系统原则既高度概括和总结了渊远流长的系统观念的历史发展，同时又预示了现代系统科学和系统思维的发端；它在革命的意义上承前启后，成为人类系统思想发展中的一座灿烂的宝库。

唯物辩证法的系统原则是一种元哲学的系统方法。它要求人们从系统整体和它的组成部分相互关联的规律性的立场出发，去辩证地考察客观现象、事物及其发展的过程性，以形成哲学认识论的一种特定的“视角”或特定的“测度”；从而，在辩证方法论的统一性上，揭示各因素组成系统的层次性，阐释特定系统所特有的基础、联结和关系，表明它的特殊的系统性质及其状态与环境的相关性，确定该系统的结构、功能和发展趋向的规律性。总之，从辩证思维的高度，在实践和理性的结合上，再现和重构对象事物的全部丰富性和多样性，便成为系统原则的内核。正是在这个意义上，现代系统论的创始者贝塔朗菲公开宣称，马克思的辩证法是他的系统理论的“先驱”。[1] 美国的系统哲学家麦奎因和安贝吉在《马克思和现代系统论》一书中，赞誉马克思是“一位早期的系统论者”，“他的理论工作的主要部分可以看作是富有成果的现代系统研究方法的先声”。[2]

20世纪三四十年代形成和发展起来的系统论、信息论和控制论，伴随着70年代以来新技术革命而崛起的耗散结构论、协同论和突变论，作为新的科学方法论以其强盛的生命力渗透、扩展和溶合到了所有人类思维和人类实践的过程中去，引起了思维方式和观念的一系列变革，并为唯物辩证法的系统原则的丰富、发展和现代化，提供了新的基础、新的起点和新的内容。在这里，科学的哲学化和哲学的科学化的统一，将开拓系统原则发展的新局面。因此，当我们从这种统一的视角去考察唯物辩证法的系统原则时，就会看到这一原则所具有的基本特征在于：

（一）整体性

唯物辩证法的系统原则将整体性视为自身的出发点，认为在人类认识的所有的对象世界中，既不存在无系统的客观事物，也不存在独立于客观事物之外的系统。系统整体性乃是整个对象世界所普遍具有的一种根本的属性和存在方式。而且，对象系统作为一个确定的整体，它具有着不同于各个组成要素的新质——结构。所以，对象系统作为一个整体，不是各个要素的机械拼合，而是具有各种规定性的确定要素的有机统一。只有各个要素的辩证联结的总和，才能构成内在同一的特定系统并赋予它有机整体的性质，而这种整体性恰恰形成了对象系统的确定的系统性质。更正确的说是结构性质。所以，马克思主义的经典作家们指出：任何有机的整体“既不是简单的也不是复合的”，而是系统的；“过程是把所有要素考虑在内的发展”；“现实的各个环节的全部总和的展开（注意）= 辩证认识的本质。”

（二）层次性

唯物辩证法的系统原则确认，人类认识的对象系统都具有着纵向联结

---

① 参见《自然科学哲学问题丛刊》1979年第2期。

② 《国外社会科学》1979年第6期。

的层次性。这是由于系统内丰富多样的因素,按照各自不同的特性组成了系统内部不同的层次类型,从而表现出内在的纵向结构来。然而,各个结构层次并不是简单并列的,它们之间不仅存在着单向的因果性,并且还具有反向的作用和整体性的反馈调节,各个层次联结为一个复杂的立体网络。因此,各个层次之间的对立仅具有相对的意义。在影响和制约整个系统发展的现实过程中,各个层次之间并没有绝对的界限,它们相互交织、相互过渡、相互渗透,有机地溶合在一起。任何层次的单一功能都不能解释特定对象的系统性,所以,各个层次的结构因素是互补的,只有从它们的综合化出发,从各个层次多维地描述系统发展的因素,才能给出对象系统发展的真实图景。

(三)相关性

唯物辩证法的系统原则认为,在特定的层次内,对象系统各个要素之间不是孤立的、毫无联系的堆砌,而是以各种复杂的相关机制合成的、具有积分性质的横向结构。在这个结构中,各个要素的变化、发展及其功能的发挥,要服从整个结构的要求和愿望,表现为实现结构的目的、手段和途径。因而,各个要素的作用并不能独立地发生,恰恰相反,各个具有特殊规定性、起不同作用的要素,只有在它们相互作用的联结中,才能作为影响和制约系统发展的力量表现出来;只有在它们辩证的结合中,单个要素的变化才会引起整个结构功能的变动,从而影响和改变整个要素的结构。所以,每一个要素一旦脱离了系统,便失去了自身存在的意义。我们必须把每一个要素都放在这个系统结构中,以其内在的逻辑次序和辩证的反馈观点去作系统的综合分析,才能作出正确的解释,在系统发展的复杂原因面前赋予各个要素以合理的地位,从而真正地认识和把握系统发展的结构。

(四)有序性

唯物辩证法的系统原则认为,在具体的对象系统中,诸多因素对于系统发展的影响和制约,"融合为一个总的平均数,一个总的合力"。所以,各种因素的不同性质、不同程度、不同方向的作用力,呈现为一种现象上的杂乱无章的无序状态。但是,正是在这种混乱无序的动态流中,对象系统形成了自身稳定的有序结构。这种“活”的有序结构通过自身系统内在的自组过程,从而保持住自身系统的有序状态。所以,各种因素相互对立、相互差异的无序状态,恰是系统内辩证统一的有序结构得以存在的前提、原因和表现形式。这种有序和无序的统一,是对象系统存在和发展过程中的两个方面的差异统一,正如吸引和排斥、质和量一样是须臾不可分离的。正是在这个意义上,对象系统的结构功能取决于诸多因素的作用力的矢量之和,这种矢量总和的结构确定了对象系统的有序发展的动力系列。

(五)趋向性

唯物辩证法的系统原则认为,任何对象系统都是具体的而不是抽象的;是不断发展的,而不是一成不变的。对象系统的结构功能是具体的环境条件下各种因素的整体性的质和属性的体现,对于具体的环境条件来说,都有其存在的必然性和发展的相对稳定性。然而,由于对象系统自身复杂的和多变的内在差异运动,在一切肯定性的因素中就包含着否定性的因素,造成了对象系统性质的变异,使它超越自身,引起新的具有更高有序程度的系统的产生。正是这种稳定的相对性和变动的绝对性、存在的阶段性与发展的连续性的统一,造成了对象系统由低级向高级、由简单向复杂、由浅层向深层的发展趋向。这种系统的发展趋向正如马克思指出的那样,“不管其内容如何,都可看做一系列不同的发展阶段,它们以一个否定另一个的方式彼此联系着。”(《马克思恩格斯全集》第 4 卷第 329 页)然而,这种系统的发展趋向是在动态的不平衡性运动中呈现出来的,是在这种不平衡的运动中得以形成、实现和系统化的。这种不平衡就表现在,一方面,任何对象系统都不能离开发展的规律性,脱离其他系统和自身的系统环境长期孤立地发展。各个系统都是相互联结、相互制约、互为因果、协同发展的;另一方面,各个对象系统的发展也不可能总是齐头并进,它们总是在一定条件下相对交错地不平衡发展,在这里,平衡就意味着停顿。因此,对象系统在不同的环境条件下,以不同的方式维持各自的非平衡态,就是维持整个大系统的有序性,就是维持整体发展的低熵值,就是维持总体功能的高能量。整个人类认识的对象世界就是在各个系统的决定和影响下,在不平衡中求平衡,以新的不平衡取代旧的不平衡,在“对称破缺”的不断发生中保持了自身系统辩证发展的趋向性。

二、摘　编

(一)现实的各个环节的全部总和的展开=辩证认识的本质

单一的和复合的:这对范畴地在有机自然界中也早已失去意义,不适用。无论骨、血、肌肉、细胞纤维组织等等的机械组合,或是各种元素的化学组合,都不表示某个动物(黑格尔《全书》第1部第256页)。有机体**既不是**单一的**也不是**复合的,不管它是多么复杂。

《马克思恩格斯文集》第9卷,人民出版社2009年版,第475页

在历史的发展中,偶然性发挥着作用,而在辩证的思维中就像在胚胎的发展中一样,**这种偶然性融合在必然性中**。

《马克思恩格斯文集》第9卷,人民出版社2009年版,第485—486页

名称的意义。在有机化学中,一个物体的意义以及它的名称,不再仅仅由它的构成来决定,而更多地是由它在它所隶属的**系列**中的位置来决定。因此,如果我们发现了某个物体属于某个这样的系列,那么它的旧名称就变成了理解的障碍,而必须代之以一个**系列名称**(烷烃等等)。

《马克思恩格斯全集》第26卷,人民出版社2014年版,第739页

任何问题都可以说是“在迷宫里兜圈子”,因为全部政治生活就是由一串无穷无尽的环节组成的一条无穷无尽的链条。政治家的全部艺术就在于

找到并且牢牢抓住那个最不容易从手中被打掉的环节，那个当前最重要而且最能保障掌握它的人去掌握整个链条的环节。

《列宁全集》第 6 卷，人民出版社
2013 年版，第 156 页

政治事态总是非常错综复杂的。它好比一条链子。你要抓住整条链子，就必须抓住主要环节。不能你想抓哪个环节就挑哪个环节。

《列宁全集》第 43 卷，人民出版社
2017 年版，第 111 页

必须从最简单的基本的东西（存在、无、变易（dasWerden），（不要其他东西）出发，**引申**出范畴（不是任意地或机械地搬用）（不是“叙述”，不是“断言”，而是证明），——在这里，在这些基本的东西里，“全部发展就在这个萌芽中”。

《列宁全集》第 55 卷，人民出版社
2017 年版，第 79 页

“**现实的诸环节的总体**、**总和**，现实在**展开**中表现为必然性。”
现实的诸环节的全部总和的展开（**注意**）= 辩证认识的本质。

《列宁全集》第 55 卷，人民出版社
2017 年版，第 132 页

因此，原因和结果只是各种事件的世界性的相互依存、（普遍）联系和相互联结的环节，只是物质发展这一链条上的环节。

《列宁全集》第 55 卷，人民出版社
2017 年版，第 134 页

世界联系的全面性和包罗万象的性质，这个联系只是片面地、断续地、不完全地由因果性表现出来。

《列宁全集》第 55 卷,人民出版社
2017 年版,第 134 页

我们通常所理解的因果性,只是世界性联系的一个极小部分,然而(唯物主义补充说)这不是主观联系的一小部分,而是客观实在联系的一小部分。

《列宁全集》第 55 卷,人民出版社
2017 年版,第 135 页

辩证法的特征的和本质的东西不是单纯的否定,不是徒然的否定,**不是怀疑的**否定、动摇、疑惑,——当然,辩证法自身包含着否定的要素,并且这是它的最重要的要素,——不是这些,而是作为联系环节、作为发展环节的否定,它保持着肯定的东西,即没有任何动摇、没有任何折中。

《列宁全集》第 55 卷,人民出版社
2017 年版,第 195 页

科学的考察,要求指出差别、联系、过渡。否则,简单的、肯定的论断就是不完全的、无生命的、僵死的。对于“第二个”否定的论点,“辩证的环节”则要求:指出“**统一**”,也就是指出否定和肯定的联系,指出这个肯定存在于否定之中。

《列宁全集》第 55 卷,人民出版社
2017 年版,第 196 页

(二)要精确地描绘宇宙、宇宙的发展和人类的发展,只有经常注意产生和消失之间、前进的变化和后退的变化之间的普遍相互作用才能做到

原因和结果这两个概念,只有在应用于个别场合时才有其本来的意义;可是,只要我们把这种个别场合放到它同宇宙的总联系中来考察,这两个概

念就交汇起来,融合在普遍相互作用的看法中,而在这种相互作用中,原因和结果经常交换位置;在此时或此地是结果,在彼时或彼地就成了原因,反之亦然。

《马克思恩格斯文集》第 9 卷,人民出版社 2009 年版,第 25 页

要精确地描绘宇宙、宇宙的发展和人类的发展,以及这种发展在人们头脑中的反映,就只有用辩证的方法,只有不断地注意生产和消逝之间、前进的变化和后退的变化之间的普遍相互作用才能做到。

《马克思恩格斯文集》第 9 卷,人民出版社 2009 年版,第 26 页

无限性是一个矛盾,而且充满矛盾。无限纯粹是由有限组成的,这已经是矛盾,可是情况就是这样。物质世界的有限性所引起的矛盾,并不比它的无限性所引起的矛盾少,正像我们已经看到的,任何消除这些矛盾的尝试都会引起新的更糟糕的矛盾。正**因为**无限性是矛盾,所以它是无限的、在时间上和空间上无止境地展开的过程。如果矛盾消除了,那无限性就终结了。

《马克思恩格斯文集》第 9 卷人民出版社 2009 年版,第 55 页

理由和推断、原因和效果、同一和差异、现象和本质这些固定的对立是站不住脚的,经分析证明,一极已经作为在核内的东西存在于另一极之中,到达一定点一级就转化为另一极,整个逻辑都只是从这些前进着的对立中展开的。

《马克思恩格斯文集》第 9 卷,人民出版社 2009 年版,第 454 页

整个有机界在不断地证明形式和内容的同一性或不可分离性。形态学

现象和生理学现象、形态和机能是互相制约的。形态(细胞)的分化决定物质分化为骨骼、肌肉、表皮等等,而物质的分化又决定分化了的形态。

《马克思恩格斯全集》第 26 卷,人民出版社 2014 年版,第 751 页

形式是富有内容的形式,是活生生的实在的内容的形式,是和内容不可分离地联系着的形式。

《列宁全集》第 55,人民出版社 2017 年版,卷第 92 页

形式是本质的。本质是有形式的。不论怎样也是以本质为转移的……

《列宁全集》第 55 卷,人民出版社 2017 年版,第 120 页

一般只能在个别中存在,只能通过个别而存在。任何个别(不论怎样)都是一般。任何一般都是个别的(一部分,或一方面,或本质)。任何一般只是大致地包括一切个别事物。任何个别都不能完全地包括在一般之中,如此等等。任何个别经过千万次的过渡而与另一**类**的个别(事物、现象、过程)相联系,如此等等。**这里已经**有自然界的**必然性**、客观联系等概念的因素、胚芽了。这里已经有偶然和必然、现象和本质,因为我们在说伊万是人,茹奇卡是狗,**这**是树叶等等时,就把许多特征作为**偶然的东西抛掉**,把本质和现象分开,并把二者对立起来。

《列宁全集》第 55 卷,人民出版社 2017 年版,第 307—308 页

(三)辩证法不知道什么绝对分明的和固定不变的界限,它使固定的形而上学的差异互相过渡,并且使对立互为中介

因为单是把大量积累的、纯经验的发现加以系统化的必要性,就会迫使

理论自然科学发生革命，这场革命必然使甚至最顽固的经验主义者也日益意识到自然过程的辩证性质。旧的固定不变的对立，严格的不可逾越的分界线正在日益消失。

《马克思恩格斯文集》第9卷，人民出版社2009年版，第15页

在形而上学者看来，事物及其在思想上的反映即概念，是孤立的、应当逐个地和分别地加以考察的、固定的、僵硬的、一成不变的研究对象。他们在绝对不相容的对立中思维；他们的说法是："是就是，不是就不是；除此以外，都是鬼话。"在他们看来，一个事物要么存在，要么就不存在；同样，一个事物不能同时是自身又是别的东西。正和负是绝对互相排斥的；原因和结果也同样是处于僵硬的相互对立中。初看起来，这种思维方式对我们来说似乎是极为可信的，因为它是合乎所谓常识的。然而，常识在日常应用的范围内虽然是极可尊敬的东西，但它一跨入广阔的研究领域，就会遇到极为惊人的变故。形而上学的考察方式，虽然在相当广泛的、各依对象性质而大小不同的领域中是合理的，甚至必要的，可是它每一次迟早都要达到一个界限，一超过这个界限，它就要变成片面的、狭隘的、抽象的，并且陷入无法解决的矛盾，因为它看到一个一个的事物，忘了它们互相间的联系；看到它们的存在，忘了它们的生成和消逝；看到它们的静止，忘了它们的运动；因为它只见树木，不见森林。

《马克思恩格斯文集》第9卷，人民出版社2009年版，第24页

辩证法是关于普遍联系的科学。

《马克思恩格斯文集》第9卷，人民出版社2009年版，第401页

僵硬的和固定的界线是和进化论不相容的——甚至脊椎动物和无脊椎

动物之间的界线也不再是固定的了,鱼和两栖之间的界线也是一样。鸟和爬行动物之间的界线正日益消失。细颚龙和始祖鸟之间只缺少几个中间环节,而有牙齿的鸟喙在两半球都出现了。“非此即彼!”是越来越不够用了。在低等动物中,个体的概念简直不能严格地确定。不仅就这一动物是个体还是群体这一问题来说是如此,而且就进化过程中何时一个个体终止而另一个个体(“褓母虫体”)开始这一问题来说也是如此。——一切差异都在中间阶段融合,一切对立都经过中间环节而互相转移,对自然观的这样的发展阶段来说,旧的形而上学的思维方法不再够用了。辩证的思维方法同样不承认什么僵硬和固定的界线,不承认什么普遍绝对有效的“非此即彼!”,它使固定的形而上学的差异互相转移,除了“非此即彼!”,又在恰当的地方承认“亦此亦彼!”,并使对立的各方相互联系起来。这样辩证思维方法是唯一在最高程度上适合于自然观的这一发展阶段的思维方法。当然,对于日常应用,对于科学上的细小研究,形而上学的范畴仍然是有效的。

《马克思恩格斯文集》第9卷,人民出版社2009年版,第471—472页

所有这些先生们所缺少的东西就是辩证法。他们总是只在这里看到原因,在那里看到结果。他们从来看不到:这是一种空洞的抽象,这种形而上学的两极对立在现实世界中只存在于危机中,而整个伟大的发展过程是在相互作用的形式中进行的(虽然相互作用的力量很不相等:其中经济运动是最强有力的、最本原的、最有决定性的),这里没有什么是绝对的,一切都是相对的。

《马克思恩格斯文集》第10卷,人民出版社2009年版,第601页

自在之物**一般地**是空洞的、无生命的抽象。在生活中,在运动中,一切的一切**总是**既“自在”,又在对他物的关系上“为他”,从一种状态转化

为另一种状态。

《列宁全集》第 55 卷，人民出版社
2017 年版，第 90 页

任何具体的东西、任何具体的某物，都是和其他的一切处于相异的而且常常是矛盾的关系中，因此，它往往既是自身又是他物。

《列宁全集》第 55 卷，人民出版社
2017 年版，第 115 页

就本来的意义说，辩证法是研究**对象的本质自身中**的矛盾：不但现象是短暂的、运动的、流逝的、只是被约定的界限所划分的，而且事物的**本质**也是如此。

《列宁全集》第 55 卷，人民出版社
2017 年版，第 213 页

（四）世界上的事情是复杂的，是由各方面的因素决定的。辩证法要求的是从相互关系的具体的发展中来全面地估计对比关系

正是由于头脑的解放，手脚的解放对人才具有重大的意义，因为大家知道，手脚只是由于它们所服务的对象——头脑——才成为人的手脚。

《马克思恩格斯全集》第 1 卷，人民
出版社 1995 年版，第 188 页

一切有机体，除了最低级的以外，都是由细胞构成的，即由很小的、只有经过高度放大才能看得到的、内部具有细胞核的蛋白质小块构成的。通常，细胞也长有外膜，里面都或多或少是液体。最低级的细胞体是由**一个**细胞构成的；绝大多数生物都是多细胞的，是集合了许多细胞的复合体，这些细胞在低级有机体中还是同类型的，而在高级有机体中就具有了越来越不同的形式、类别和功能。例如在人体中，骨骼、肌肉、神经、腱、韧带、软骨、皮肤，简言之，所有的组织，不是由细胞组成就是从细胞形成的。但是一切有

机的细胞体,从本身是简单的、通常没有外膜而内部具有细胞核的蛋白质小块的变形虫起一直到人,从最小的单细胞的鼓藻起一直到最高度发展的植物,它们的细胞繁殖方法都是共同的:分裂。先是细胞核在中间收缩,这种使核分成两半的收缩越来越厉害,最后这两半分开了,并且形成两个细胞核。同样的过程也在细胞本身中发生,两个核中的每一个都成为细胞质集合的中心点,这个集合体联结在一起,中间收缩得越来越深,直到最后分开,并成为独立的细胞而继续存在下去。动物的卵在受精以后,其胚泡经这样不断重复的细胞分裂逐步发育成为完全成熟的动物,同样,在已经长成的动物中,对消耗的组织的补充也是这样进行的。把这样的过程叫做组合,而把称这一过程为发育的意见叫做“纯粹的想象”,这种话无疑地只有对这种过程一无所知的人——很难设想现在还会有这样的人——才说得出来;这里的过程恰好**只是**而且确实是不折不扣的发育,而根本不是组合!

《马克思恩格斯文集》第9卷,人民出版社2009年版,第81—82页

例如,部分和整体已经是在有机界中愈来愈不够的范畴。种子的萌芽——胚胎和生出来的动物,不能看作从“整体”中分出来的“部分”,如果这样看,那便是错误的解释。只是在**尸体**中才有部分。

《马克思恩格斯全集》第20卷,人民出版社1971年版,第555页

〔**脊椎动物**〕。它们的主要特征:**整个身体都聚集在神经系统周围**。因此便有了发展到自我意识等等的可能性。在其他一切动物那里,神经系统是次要的东西,在这里则是整个机体的基础;神经系统在发展到一定程度的时候(由于蠕虫的头节向后延伸),便占有整个身体,并且按照自己的需要来调整整个身体。

《马克思恩格斯全集》第20卷,人民出版社1971年版,第653页

为了眼前暂时的利益而忘记根本大计，只图一时的成就而不顾后果，为了运动的现在而牺牲运动的未来，这种做法可能也是出于“真诚的”动机。但这是机会主义，始终是机会主义，而且“真诚的”机会主义也许比其他一切机会主义更危险。

《马克思恩格斯文集》第 4 卷，人民出版社 2009 年版，第 414—415 页

辩证法，在其神秘形式上，成了德国的时髦东西，因为它似乎使现存事物显得光彩。辩证法，在其合理形态上，引起资产阶级及其空论主义的代言人的恼怒和恐怖，因为辩证法在对现存事物的肯定的理解中同时包含对现存事物的否定的理解，即对现存事物的必然灭亡的理解；辩证法对每一种既成的形式都是从不断的运动中，因而也是从它的暂时性方面去理解；辩证法不崇拜任何东西，按其本质来说，它是批判的和革命的。

《马克思恩格斯文集》第 5 卷，人民出版社 2009 年版，第 22 页

辩证法要求从相互关系的具体的发展中来全面地估计这种关系，而不是东抽一点，西抽一点。我已经用政治与经济这个例子说明了这一点。

《列宁全集》第 40 卷，人民出版社 2017 年版，第 290—291 页

脱离了身体的手，只是名义上的手（亚里士多德）。

《列宁全集》第 55 卷，人民出版社 2017 年版，第 171—172 页

第四章 认识是一个系统过程

一、导 语

人类的认识是一个过程，这是马克思主义哲学认识论的一个基本观点。近年来随着系统科学在我国的传播和发展，人们逐渐把系统思想引入了认识论领域，强调认识过程的系统性。马克思主义经典作家有关人类认识理论的论述中，蕴藏着丰富的系统思想和观点。

第一，人类的思维是一个系统，思维的系统性是对物质系统性的反映。系统论认为，宇宙间的一切事物，从基本粒子到河外星系，从无机界到有机界，从自然物质到社会物质，从人类社会到人类思维，都自成系统或互为系统。关于这一点，马克思主义经典作家所常用的“思维总体”“思维的整体”“总和”“体系”这些概念已经包含有系统的思想了，已经比较明确地把思维作为一个系统来看待了。在考察人类思维时，他们往往同思维赖以存在的环境相联系，把“思维过程”同“自然过程”“历史过程”相提并论，尽管前者是后者类似的反映。同时前者也作用于后者。

第二，马克思主义关于人类认识总过程的思想同系统论描述的信息反馈过程是一致的。辩证唯物主义的认识论是在实践基础上的革命的能动的反映论，它揭示了人类认识的客观规律，揭示了从物质到精神，又从精神到物质的人类认识的辩证途径。它认为人的认识首先是在实践的基础上从感觉开始，感知客观世界而得到感性知识，再经过大脑对得到的感性材料进行抽象概括,形成概念和判断,上升为理性认识,然而又以得到的认识去指导人们的活动,在实践中进一步发展认识和检验认识。人们认识的整个过程,就是、主体、实践、客体的系统循环、往复无穷的过程。这个辩证的认识过程,如果从信息论和系统论的角度来看,简单地说就是一个信息传输和反馈的系统过程,也就是人们首先从外界获取信息、再把信息送入大脑储存(记忆),经大脑思考(加工处理),变换形成概念和判断(即思想),通过人的效应器官输出信息,再向外界作出反映。这就是人们的认识活动和实践活动。通过实践检验认识是否正确,即通过反馈信息由大脑作比较,以影响下一步的思维活动和实践活动。这样解释人的认识机制,也就是把认识看成是一个能动的革命的信息反馈的系统过程。

第三,系统的层次性原则是物质无限性思想的具体化。辩证唯物论认为,自然界是无限的、而且是无限地存在着的。物质的无限性,是由纯粹的有限的东西组成的;思维的无限性,是由无限多的人脑组成的。物质无限性的思想已经蕴含有系统层次性的原则。系统层次性正是对物质无限性的具体化和丰富。系统论揭示了自然界物质系统的层次性,指明一切系统都是由不同的层次结构组成的,这种层次结构是无限的,无限的自然界是通过层次性表现出来的。物质无限性和系统层次性使人类的认识具有一系列的特点:认识的渐进性,认识的近似性和相对性。日益发展的人类科学在认识自然界上的每一个里程碑都具有暂时的、相对的、近似的性质。

第四,认识论关于认识事物的全面性的要求同系统论认识事物的系统方法基本上是相似、相近的。按照经典作家的论述,认识事物的全方位的方法包括:a、从事实的全部总和出发;b、从事实的全部联系或关系、中介入手;c、从事物的发展去观察事物。而系统论认识事物的方法所遵循的是整体性原则、相关性原则、动态性原则。从事实的总和出发,也就是从事物的整体出发。系统的整体性原则主张始终把对象作为一个有机联系的整体,从对象本身的固有的各个方面,各种联系上来考察它,从整体与层次、部分、结构、功能、环境,运动的辩证关系上来把握它,也就是要按照对象的本来面目来认识它。从事实的全部联系和中介中认识事物,也就是坚持系统论的相关性原则。系统论认为,任何一种事物都离不开与自己周围条件的相互联系和相互作用,否则它就成为不可理解、毫无意义的东西。所谓相关性,就是指事物都是作为系统中的一个要素与周围其它事物相互联系、相互作用的。这就要求人们用联系的观点,把每一事物都作为某一个系统的一个要素加以研究,既要考察系统内部诸要素之间的相互作用,又要考虑系统与外部环境之间的相互作用,又要考虑环境与环境之间的相互作用。正如贝塔朗菲所指出的,"为了理解一个整体的系统,不仅需要了解其各个部分,而且还要了解它们之间的关系"。① 从事物的发展去观察事物,也就是系统论动态性原则的更高层次的表述。唯物辩证法是关于发展的科学,发展的观点是唯物辩证法的显著特征之一。它认为,事物之间的相互关系和相互作用,引起事物的运动、变化和发展。事物发展的形式、状态和方向、道路,又表现为由量变到质变、由简单到复杂、螺旋式上升、波浪式前进等,人的认识过程也遵循发展的诸原则。这一系列关于发展的观点,为系统论和系统方法的动态原则所反映。它同唯物辩证法的发展学说比较起来,对事物发展的研究更精确更具体。但是,从总的方面来看,系统论的动态原则,是以唯物辩证法的发展学说为依据的,贯彻了唯物辩证法关于事物"自我运动"的思想。认识事物过程中,坚持功态性的原则,意味着把系统整体置于运动之中来考察。然而,强调用发展的观点来认识系统整体,并不否认把整体从无止境的运动、发展、变化的过程中抽取出来,作为相对静止来考察的必要性。

第五,真理是一个系统过程。人类认识是一个系统过程,真理的获得更是一个系统过程。就真理自身而言,它自身就是一个多方面,多层次的系统,它是由无数个相对真理组成的,不断趋近于绝对真理的辩证过程。真理总是具体的,总是相对性和绝对性的辩证统一,是一定时期,从事一

① 见塔朗菲:《普通系统论的历史和现状》,《国外社会科学》1978 年第 2 期。

定实践的人们对客观事物某一侧面和某一层次、一定深度、广度的规律性的认识，是经过当时一定的实践经验所认可的。就对真理的认识和把握而言，也是在各种各样的差异协同的系统中实现的。首先客观世界是一个过程的集合体，人们对客观世界进行研究、探索也必然是一个过程的集合体或系统过程，人们在一定环境中所获得的认识成果，必然只是这一过程集合体的一个小部分，一个小阶段，一定的层次，因而具有相对性；其次，认识中存在着无限与有限的矛盾。一方面要毫无遗漏地从所有联系中去认识世界体系，另一方面，这个任务是永远不能完成的，而是要人类无限的前进发展中每天每时不断地得到解决；其次，思维的矛盾—思维的至上性和非至上性，认识能力的无限性和有限性，认识成果的绝对性和相对性等一系列矛盾的发展及其解决，是通过人类生活的无限延续才能完全实现的。

第六，马克思主义是一个系统。正确对待马克思主义，一个重要前提就是把马克思主义作为一个有机的整体，一个系统。列宁认为“马克思主义是马克思的观点和学说的体系”；邓小平说，“毛泽东思想是个思想体系”。坚持系统的观点，我们就能从整体上来把握马克思主义、毛泽东思想，就能正确理解马克思主义与其各个组成部分的关系，各个组成部分之间的关系，各个部分内部组成要素的关系，以及马克思主义同外部环境之间的关系。坚持系统的观点，我们就能用相关的、动态原则来学习、研究、运用马克思主义、毛泽东思想。马列主义、毛泽东思想是包容了众多原理的系统，对其任何观点的运用都应当是有联系的，不能孤立地运用，都应考察其时代背景、上下文关系、具体情况，这样才不至于造成对马克思主义的误解甚至歪曲。马列主义、毛泽东思想是一个开放的系统，它的生命力也正在于此。因此，保持马克思主义同外界的能量、信息的交换，不断丰富和发展马克思主义，这是马克思主义系统本身的要求。

恩格斯早就说过，随着自然科学的每一重大进步，哲学也在不断改变自己的形式。系统科学的诞生，促使我们对马克思主义认识论进行新的认识和总结，结果是一方面证明了马克思主义确实是一个博大精深的思想体系，系统科学的出现和发展不仅没有否定马克思主义哲学的地位,而是证明了马克思主义为当代(包括系统科学在内)的许多科学提供了丰富的思想源泉,另一方面也证明了马克思主义认识论仍有继续发展的必要性和可能性。同时,对马克思主义认识论中系统思想的探索,对于促进系统科学的发展同样具有重要的作用,毋庸置疑,系统科学在马克思主义系统思想的进一步指导下,将会取得更进一步的发展。

二、摘　编

(一)思维过程本身是在一定的条件中生长起来的,它本身是一个自然过程

人们是自己的观念、思想等等的生产者,但这里所说的人们是现实的、从事活动的人们,他们受自己的生产力和与之相适应的交往的一定发展——直到交往的最遥远的形态——所制约。意识在任何时候都只能是被意识到了的存在,而人们的存在就是他们的现实生活过程。如果在全部意识形态中,人们和他们的关系就像在照相机中一样是倒立成像的,那么这种现象也是从人们生活的历史过程中产生的,正如物体在视网膜上的倒影是直接从人们生活的生理过程中产生的一样。

《马克思恩格斯文集》第 1 卷,人民出版社 2009 年版,第 524—525 页

具体总体作为思想总体、作为思想具体,事实上是思维的、理解的产物;但是,决不是处于直观和表象之外或驾于其上而思维着的、自我产生着的概念的产物,而是把直观和表象加工成概念这一过程的产物。整体,当它在头脑中作为思想整体而出现时,是思维着的头脑的产物,这个头脑用它所专有的方式掌握世界,而这种方式是不同于对世界的艺术精神的,宗教精神的,实践精神的掌握的。实在主体仍然是在头脑之外保持着它的独立性;只要

这个头脑还仅仅是思辨地、理论地活动着。因此，就是在理论方法上，主体，即社会，也必须始终作为前提浮现在表象面前。

《马克思恩格斯文集》第8卷，人民出版社2009年版，第25—26页

究竟什么是思维和意识，它们是从哪里来的，那么就会发现，它们都是人脑的产物，而人本身是自然界的产物，是在自己所处的环境中并且和这个环境一起发展起来的；这里不言而喻，归根到底也是自然界产物的人脑的产物，并不同自然界的其他联系相矛盾，而是相适应的。

《马克思恩格斯文集》第9卷，人民出版社2009年版，第38—39页

思维过程同自然过程和历史过程是类似的，反过来也一样，并且证明了同一些规律对所有这些过程都是适用的。

《马克思恩格斯文集》第9卷，人民出版社2009年版，第539页

我的辩证方法，从根本上来说，不仅和黑格尔的辩证方法不同，而且和它截然相反。在黑格尔看来，思维过程，即甚至被他在观念这一名称下转化为独立主体的思维过程，是现实事物的创造主，而现实事物只是思维过程的外部表现。我的看法则相反，观念的东西不外是移入人的头脑并在人的头脑中改造过的物质的东西而已。

《马克思恩格斯文集》第5卷，人民出版社2009年版，第22页

思维过程本身是在一定的条件中生长起来的，它本身是一个**自然过程**，所以真正能理解的思维只能是一样的，而且只是随着发展的成熟程度（其

中也包括思维器官发展的成熟程度）逐渐地表现出区别。

《马克思恩格斯选集》第4卷，人民出版社1972年版，第369页

物理世界在心理的东西出现以前就已存在，心理的东西是最高形式的有机物质的最高产物。波格丹诺夫的第二层梯级也是僵死的抽象概念，是没有头脑的思想，是与人分开的人的理性。

只有完全抛弃前两层梯级，也只有这样，我们才能获得一幅真正同自然科学和唯物主义相符合的世界图景。这就是：(1)物理世界是**不依赖于**人的意识而存在的，它**在**人出现**以前**、**在**任何“人们的经验”产生**以前**早就存在；(2)心理的东西、意识等等是物质（即物理的东西）的最高产物，是叫作人脑的这样一块特别复杂的物质的机能。

《列宁全集》第18卷，人民出版社2017年版，第237—238页

当逻辑的概念还是“抽象的”，还具有抽象形式的时候，它们是主观的，但同时它们也表现着自在之物。自然界**既是**具体的**又是**抽象的，**既是**现象**又是**本质，**既是**瞬间**又是**关系。人的概念就其抽象性、分隔性来说是主观的，可是就整体、过程、总和、趋势、来源来说却是客观的。

《列宁全集》第55卷，人民出版社2017年版，第178页

“……他〈赫拉克利特〉第一个说出了无限的性质，而且也是第一个把自然界理解为自身是无限的，就是说，把它的本质理解为过程……”（第346页）

关于“必然性的概念”——参看第**347**页。赫拉克利特不能在“感性确定性”中看到真理（第348页）——但能在“必然性”（*εἱμαρμενη*）——*λόγος*中看到真理。

注意 ‖ “**绝对的中介**”(第348页)。(“**绝对的联系**”)

注意
必然性 =“存在的一般性”(存在中的普遍性)(联系、“绝对的中介”)

诚然,我所知道的合乎理性的、真的东西,是从对象性的东西的回归,即从感性的、个别的、确定的、存在的东西的回归。但理性所知道的在自身内部的东西,也正是**必然性,或**存在的**普遍性**;它是思维的本质,也是世界的本质。”(第352)

《列宁全集》第55卷,人民出版社2017年版,第223—224页

(二)思想和客体的一致是一个过程,人类的实践是认识的客观性的验证、准绳

思想永远不能超出旧世界秩序的范围:在任何情况下,思想所能超出旧的只是世界秩序的思想范围。思想本身根本不能**实现什么东西**。思想要得到实现,就要有使用实践力量的人。

《马克思恩格斯文集》第1卷,人民出版社2009年版,第320页

什么是人的思维。它是单个人的思维吗?不是。但是,它只是作为无数亿过去、现在和未来的人的个人思维而存在。

《马克思恩格斯文集》第9卷,人民出版社2009年版,第91页

各种自然力和科学——历史发展总过程的产物,它抽象地表现了这一发展总过程的精华……

《马克思恩格斯文集》第8卷,人民出版社2009年版,第538页

每一个时代的理论思维，包括我们这个时代的理论思维，都是一种历史的产物，它在不同的时代具有完全不同的形式，同时具有完全不同的内容。因此，关于思维的科学，也和其他各门科学一样，是一种历史的科学，是关于人的思维的历史发展的科学。

《马克思恩格斯文集》第9卷，人民出版社2009年版，第436页

我们表象的对象和我们的表象有区别，自在之物和为我之物有区别，因为后者只是前者的一部分或一方面，正象人自己也只是他的表象所反映的自然界的一小部分一样。

《列宁全集》第18卷，人民出版社2017年版，第118页

生活、实践的观点，应该是认识论的首要的和基本的观点。这种观点必然会导致唯物主义，而把教授的经院哲学的无数臆说一脚踢开。

《列宁全集》第18卷，人民出版社2017年版，第144页

每一个个别人的意识的发展和全人类的集体知识的发展在每一步上都向我们表明：尚未被认识的“自在之物”在转化为已被认识的“为我之物”，盲目的、尚未被认识的必然性、“自在的必然性”在转化为已被认识的“为我的必然性”。从认识论上说，这两种转化完全没有什么差别，因为在这两种情况下，基本观点是一个，都是唯物主义观点，都承认外部世界的客观实在性和外部自然界的规律，并且认为这个世界和这些规律对人来说是完全可以认识的，但又是永远认识**不完**的。我们不知道气象中的自然界的必然性，所以就不可避免地成为气候的奴隶。但是，虽然我**们不知道**这个必然性，**我们却知道**它是存在的。这种知识是从什么地方得来的呢？它同物存在于我们的意识之外并且不以我们的意识为转移这种知识同出一源，就是说，从我

们知识的发展中得来的。我们知识的发展千百万次地告诉每一个人,当对象作用于我们感官的时候,不知就变为知,相反地,当这种作用的可能性消失的时候,知就变为不知。

《列宁全集》第 18 卷,人民出版社
2017 年版,第 194—195 页

思想和客体的一致是一个**过程**:思想(=人)不应当设想真理是僵死的静止,是暗淡的(灰暗的)、没有冲动、没有运动的简单的图画(形象),就象精灵、数目或抽象的思想那样。

观念也包含着极强烈的矛盾,静止(对于人的思维来说)就在于稳固和确定,人因此永远产生着(思想和客体的这种矛盾)和永远克服着这种矛盾……

《列宁全集》第 55 卷,人民出版社
2017 年版,第 164—165 页

理论的认识应当提供在必然性中、在全面关系中、在自在自为的矛盾运动中的客体。但是,只有当概念成为在实践意义上的"自为存在"的时候,人的概念才能"最终地"抓住、把握、通晓认识的这个客观真理。也就是说,人的和人类的实践是认识的客观性的验证、标准。

《列宁全集》第 55 卷,人民出版社
2017 年版,第 181 页

(三)认识是思维对客体的永远的、不终止的接近,思维对运动的描述,总是粗糙的和不完备的

人们按照自己的物质生产率建立相应的社会关系,正是这些人又按照自己的社会关系创造了相应的原理、观念和范畴。

所以,这些观念、范畴也同它们所表现的关系一样,不是永恒的。它们

是历史的、暂时的产物。

《马克思恩格斯文集》第 1 卷，人民出版社 2009 年版，第 603 页

在这里，我们又遇到在上面已经遇到过的矛盾；一方面，人的思维的性质必然被看作是绝对的，另一方面，人的思维又是在完全有限地思维着的个人中实现的。这个矛盾只有在无限的前进过程中，在至少对我们来说实际上是无止境的人类世代更迭中才能得到解决。从这个意义来说，人的思维是至上的，同样又是不至上的，它的认识能力是无限的，同样又是有限的。按它的本性、使命、可能和历史的终极目的来说，是至上的和无限的；按它的个别实现情况和每次的现实来说，又是不至上的和有限的。

永恒真理的情况也是一样。如果人类在某个时候达到了只运用永恒真理，只运用具有至上意义和无条件真理权的思维成果的地步，那么人类或许就到达了这样的一点，在那里，知识世界的无限性就现实和可能而言都穷尽了，从而就实现了数清无限数这一著名的奇迹。

《马克思恩格斯文集》第 8 卷，人民出版社 2009 年版，第 92 页

可认识的物质的无限性，是由各种纯粹的有限性组成的，同样，绝对地认识着的思维的无限性，也是由无限多的有限的人脑所组成的，而人脑是彼此并列和前后相继地从事这种无限的认识的，会在实践上和理论上出差错，从歪曲的、片面的、错误的前提出发，循着错误的、弯曲的、不可靠的道路行进，往往当正确的东西碰到鼻子尖的时候还是没有得到它（普利斯特列）。因此，对无限的东西的认识受到双重困难的困扰，并且按其本性来说，只能通过一个无限的渐近的前进过程而实现。这使我们有足够的理由说：无限的东西既是可以认识的，又是不可以认识的，而这就是我们所需要的一切。

《马克思恩格斯文集》第 9 卷，人民出版社 2009 年版，第 499 页

自然科学中通用的概念,因为它们决不是一直与现实相符合,就都是虚构吗?从我们接受了进化论的时刻起,我们关于有机体的生命的一切概念都只是近似地与现实相符合。否则就不会有任何变化;哪一天有机界的概念与现实绝对符合了,发展也就终结了。

《马克思恩格斯文集》第10卷,人民出版社2009年版,第695页

物的“实质”或“实体”**也是**相对的;它们表现的只是人对客体的认识的深化。既然这种深化昨天还没有超过原子,今天还没有超过电子和以太,所以辩证唯物主义坚持认为,日益发展的人类科学在认识自然界上的这一切**里程碑**都具有暂时的、相对的、近似的性质。电子和原子一样,也**是不可穷尽的**,自然界是无限的,而且它无限地**存在着**。正是绝对地无条件地承认自然界**存在**于人的意识和感觉之外这一点,才能辩证唯物主义同相对主义的不可知论和唯心主义区别开来。

《列宁全集》第18卷,人民出版社2017年版,第275页

规律把握住静止的东西——因此,规律、任何规律都是狭隘的、不完全的、近似的。

《列宁全集》第55卷,人民出版社2017年版,第127页

规律的概念是人对于世界过程的**统一**和**联系**、相互依赖和总体性的认识的**一个**阶段。

《列宁全集》第55卷,人民出版社2017年版,第126页

认识是人对自然界的反映。但是,这并不是简单的、直接的、完整的反

映，而是一系列的抽象过程，即概念、规律等等的构成、形成过程，这些概念和规律等等（思维、科学＝“逻辑观念”）有条件地近似地**把握**永恒运动着和发展着的自然界的普遍规律性。

《列宁全集》第55卷，人民出版社2017年版，第152—153页

人不能完全地把握＝反映＝描绘**整个**自然界、它的“直接的总体”，人只能通过创立抽象、概念、规律、科学的世界图景等等**永远地**接近于这一点。

《列宁全集》第55卷，人民出版社2017年版，第153页

认识是思维对客体的永远的、无止境的接近。自然界在人的思想中的**反映**，要理解为不是“僵死的”，不是“抽象的”，**不是没有运动的**，**不是没有矛盾的**，而是处在运动的永恒**过程**中，处在矛盾的发生和解决的永恒**过程**中。

《列宁全集》第55卷，人民出版社2017年版，第165页

在灵魂里，好像在天宇中那样，有7个圆圈（要素）。亚里士多德《论灵魂》第1篇第3章——第269页。

毕达哥拉斯派：关于宏观宇宙和微观宇宙相似的“猜测”、幻想。

接着就是无稽之谈：毕达哥拉斯（他从埃及人那里拿来了关于灵魂不死和灵魂转渡的学说）说过他的灵魂曾在其他一些人身上活了207年等等（第271页）。

注意：科学思维的**胚芽**同宗教、神话之类幻想的一种联系。而今天同样，还是有那种联系，只是科学和神话的比例不同了。

《列宁全集》第55卷，人民出版社2017年版，第211页

如果不把不间断的东西割断，不使活生生的东西简单化、粗陋化，不加以划分，不使之僵化，那么我们就不能想象、表达、测量、描述运动。思想对运动的描述，总是粗陋化、僵化。不仅思想是这样，而且感觉也是这样；不仅对运动是这样，而且对**任何**概念也都是这样。

《列宁全集》第55卷，人民出版社2017年版，第219页

一般的含义是矛盾的：它是僵死的，它是不纯粹的、不完全的，等等，等等，而且它也只是认识**具体事物**的一个**阶段**，因为我们永远不会完全认识具体事物。一般概念、规律等等的**无限**总和才提供完全的**具体**事物。

《列宁全集》第55卷，人民出版社2017年版，第239页

（四）人的认识不是直线，而是无限地近似于一串圆圈、近似于螺旋的曲线，每一种思想都是整个人类思想发展的大圆圈（螺旋）上的一个圆圈

关于自然和历史的无所不包的、最终完成的认识体系，是同辩证思维的基本规律相矛盾的；但是，这样说决不排除，相反倒包含下面一点，即对整个外部世界的有系统的认识是可以一代一代地取得巨大进展的。

《马克思恩格斯文集》第9卷，人民出版社2009年版，第27页

我们根本不用担心我们现在所处的认识阶段和先前的一切阶段一样都不是最后的。这一阶段已经包括大量的认识材料，并且要求每一个想在任何专业内成为内行的人进行极深刻的专门研究。但是认识就其本性而言，或者对漫长的世代系列来说是相对的而且必然是逐步趋于完善的……

《马克思恩格斯文集》第9卷，人民出版社2009年版，第95—96页

唯物主义者认为世界比它的显现更丰富、更生动、更多样化,因为科学每向前发展一步,就会发现它的新的方面。

《列宁全集》第 18 卷,人民出版社
2017 年版,第 129 页

现象世界和自在世界是人对自然界的认识的**各环节**,(认识的)阶段、**变化**或深化。自在世界**离**现象世界越来越远的移动——这在黑格尔那里还没有看到。**注意**。黑格尔所指的概念的"各环节"没有过渡的"各环节"的意义吗?

《列宁全集》第 55 卷,人民出版社
2017 年版,第 128 页

思维从具体的东西上升到抽象的东西时,不是**离开**——如果它是**正确的**(注意)(而康德,象所有的哲学家一样,谈论正确的思维)——真理,而是接近真理。**物质**的抽象,自然**规律**的抽象,**价值**的抽象等等,一句话,**一切**科学的(正确的、郑重的、不是荒唐的)抽象,都更深刻、更正确、**更完全地**反映自然。

《列宁全集》第 55 卷,人民出版社
2017 年版,第 142 页

人对自然界的认识(="观念")的各环节,就是逻辑的范畴。

《列宁全集》第 55 卷,人民出版社
2017 年版,第 168 页

辩证法一般地说就是"概念中的纯思维运动"(用不带唯心主义神秘色彩的说法,也就是人的概念不是不动的,而是永恒运动的,相互过渡的,往返流动的;否则,它们就不能反映活生生的生活。对概念的分析、研究,"运用概念的艺术"(恩格斯),始终要求研究概念的**运动**,它们的联系、它们的相互过渡)。

《列宁全集》第55卷,人民出版社 2017年版,第212—213页

第40页:把哲学史比作圆圈——“这个圆圈的边沿是许多圆圈……”

非常深刻而确切的比喻!! 每一种思想=整个人类思想发展的大圆圈(螺旋)上的一个圆圈。

注意

“……我认为,各个哲学体系在历史上的次序同观念的概念规定在逻辑推演中的次序是一样的。我认为,如果从哲学中上出现的各个体系的基本概念注意上**完全除掉**同它们的外在形式、同它们的特殊应用等等有关的东西,那么就会在观念的逻辑概念中得出观念自身的规定的不同阶段。

《列宁全集》第55卷,人民出版社 2017年版,第207—208页

人的思想由现象到本质,由所谓初级本质到二级本质,不断深化,以至**无穷**。

《列宁全集》第55卷,人民出版社 2017年版,第213页

人的认识不是直线(也就是说,不是沿着直线进行的),而是无限地近似于一串圆圈、近似于螺旋的曲线。这一曲线的任何一个片断、碎片、小段都能被变成(被片面地变成)独立的完整的直线,而这条直线能把人们(如果只见树木不见森林的话)引到泥坑里去,引到僧侣主义那里去(在那里统治阶级的阶级利益就会把它**巩固起来**)。

《列宁全集》第55卷,人民出版社 2017年版,第311页

（五）要真正地认识事物，就必须把握、研究它的一切方面、一切联系和中介

但是，不管怎样总可以说，简单范畴是这样一些关系的表现，在这些关系中，较不发展的具体可以已经实现，而那些通过较具体的范畴在精神上表现出来的较多方面的联系或关系还没有产生；而比较发展的具体则把这个范畴当做一种从属关系保存下来。在资本存在之前，银行存在之前，雇佣劳动等等存在之前，货币能够存在，而且在历史上存在过。因此，从这一方面看来，可以说，比较简单的范畴可以表现一个比较不发展的整体的处于支配地位的关系或者一个比较发展的整体的从属关系，这些关系在整体向着以一个比较具体的范畴表现出来的方面发展之前，在历史上已经存在。在这个限度内，从最简单上升到复杂这个抽象思维的进程符合现实的历史过程。

《马克思恩格斯文集》第8卷，人民出版社2009年版，第26页

大量积累的自然科学的事实迫使人们达到上述的认识；如果有了对辩证思维规律的领会，进而去了解那些事实的辩证性质，就可以比较容易地达到这种认识。无论如何，自然科学现在已发展到如此程度，以致它再不能逃避辩证的综合了。

《马克思恩格斯全集》第20卷，人民出版社1971年版，第16—17页

经验自然科学积累了如此庞大数量的确实的知识材料，以致在每一个研究领域中有系统地和依据其内在联系把这些材料加以整理的必要，就简直成为不可避免的。建立各个知识领域互相间的正确联系，也同样成为不可避免的。因此，自然科学便走进了理论的领域，而在这里经验的方法就不中用了，在这里只有理论思维才能有所帮助。但理论思维仅仅作为一种能力才具有天生就有的性质。这种能力必须加以发展和训练，而为了给以这

种训练，除了学习以往的哲学，直到现在还没有别的手段。

《马克思恩格斯全集》第20卷，人民出版社1972年版，第382页

实物、物质无非是各种实物的总和，而这个概念就是从这一总和中抽取出来的；运动无非是一切可以从感觉上感知的运动形式的总和；象“物质”和“运动”这样的名词无非是**简称**，我们就用这种简称，把许多不同的、可以从感觉上感知的事物，依照其共同的属性把握住。

《马克思恩格斯全集》第20卷，人民出版社1971年版，第579页

批判将不是把事实和观念比较对照，而是把一种事实同另一种事实比较对照。对这种批判唯一重要的是，把两种事实进行尽量准确的研究，使之真正形成相互不同的发展阶段，而且特别需要的是同样准确地把一系列已知的状态、它们的连贯性以及不同发展阶段之间的联系研究清楚。

《列宁全集》第1卷，人民出版社2017年版，第136页

在社会现象领域，没有哪种方法比胡乱抽出**一些个别**事实和玩弄实例更普遍、更站不住脚的了。挑选任何例子是毫不费劲的，但这没有任何意义，或者有纯粹消极的意义，因为问题完全在于，每一个别情况都有其具体的历史环境。如果从事实的**整体**上、从它们的**联系**中去掌握事实，那么，事实不仅是“顽强的东西”，而且是绝对确凿的证据。如果不是从整体上、不是从联系中去掌握事实，如果事实是零碎的和随意挑出来的，那么它们就只能是一种儿戏，或者连儿戏也不如。

《列宁全集》第28卷，人民出版社2017年版，第364页

范畴是区分过程中的梯级,即认识世界的过程中的梯级,是帮助我们认识和掌握自然现象之网的网上纽结。

《列宁全集》第 55 卷,人民出版社
2017 年版,第 78 页

概念的全面的、普遍的灵活性,达到了对立面同一的灵活性,——这就是实质所在。主观地运用的这种灵活性=折中主义与诡辩。**客观地**运用的灵活性,即反映物质过程的全面性及其统一性的灵活性,就是辩证法,就是世界的永恒发展的正确反映。

《列宁全集》第 55 卷,人民出版社
2017 年版,第 91 页

如果我没有弄错,那么黑格尔的这些推论中有许多神秘主义和空洞的学究气,可是基本的思想是天才的:万物之间的世界性的、全面的、**活生生**的联系,以及这种联系在人的概念中的反映——唯物地颠倒过来的黑格尔;这些概念还必须是经过琢磨的、整理过的、灵活的、能动的、相对的、相互联系的、在对立中统一的,这样才能把握世界。

《列宁全集》第 55 卷,人民出版社
2017 年版,第 122 页

应当从事物的关系和事物的发展去考察事物**本身**。

《列宁全集》第 55 卷,人民出版社
2017 年版,第 190 页

(六)马克思主义是一个完整的世界观,是一个哲学体系,把马克思的话同其上下文割裂开来,就必然会造成误解

但是,大约就在这个时候,经验自然科学获得了巨大的发展辉煌的成果,甚至不仅有可能完全克服十八世纪机械论的片面性,而且自然科学本

身,也由于证实了自然界本身中所存在的各个研究部门(力学、物理学、化学、生物学等等)之间的联系,而从经验科学变成了理论科学,并且由于把所得到的成果加以概括,又转化成唯物主义的自然认识体系。

《马克思恩格斯全集》第 20 卷,人民出版社 1971 年版,第 536 页

把马克思的话同上下文割裂开来,就必然会造成误解或把很多东西弄得不大清楚。

《马克思恩格斯全集》第 36 卷,人民出版社 1975 年版,第 67 页

我们的理论不是教条,而是对包含着一连串互相衔接的阶段的发展过程的阐明。希望美国人一开始行动就完全了解在比较老的工业国家里制定出来的理论,那是可望而不可即的。德国人所应当做的事情是,根据自己的理论去行动——如果他们像我们在 1845 年和 1848 年那样懂得理论的话——,参加工人阶级的一切真正的普遍的运动,接受运动的实际出发点……

《马克思恩格斯文集》第 10 卷,人民出版社 2009 年版,第 560 页

……这种或那种类型的资本主义演进因素,可能有无限多样的结合,只有不可救药的书呆子,才会单靠引证马克思关于另一历史时代的某一论述,来解决当前发生的独特而复杂的问题。

《列宁全集》第 3 卷,人民出版社 2013 年版,第 13 页

恩格斯在谈到他本人和他那位著名的朋友时说过:我们的学说不是教条,而是行动的指南。这个经典性的论点异常鲜明有力地强调了马克思主

义的往往被人忽视的那一方面。而忽视那一方面，就会把马克思主义变成一种片面的、畸形的、僵死的东西，就会抽掉马克思主义的活的灵魂，就会破坏它的根本的理论基础——辩证法即关于包罗万象和充满矛盾的历史发展的学说；就会破坏马克思主义同时代的一定实际任务，即可能随着每一次新的历史转变而改变的一定实际任务之间的联系。

《列宁全集》第 20 卷，人民出版社 2017 年版，第 84 页

马克思主义是马克思的观点和学说的体系。马克思是 19 世纪人类三个最先进国家中的三种主要思潮——德国古典哲学、英国古典政治经济学以及同法国所有革命学说相联系的法国社会主义——的继承者和天才的完成者。马克思的观点极其彻底而严整，这是马克思的对手也承认的，这些观点总起来就构成作为世界各文明国家工人运动的理论和纲领的现代唯物主义和现代科学社会主义。因此，我们在阐述马克思主义的主要内容即马克思的经济学说之前，必须把他的整个世界观作一简略的叙述。

《列宁全集》第 26 卷，人民出版社 2017 年版，第 52 页

（七）真理是过程，真理只是在现实的总和中以及在现实的关系中才会实现

人类思维按其本性是能够给我们提供并且正在提供由相对真理的总和所构成的绝对真理的。科学发展的每一阶段，都在给绝对真理这一总和增添新的一粟，可是每一科学原理的真理的界限都是相对的，它随着知识的增加时而扩张、时而缩小。

《列宁全集》第 18 卷，人民出版社 2017 年版，第 135 页

从现代唯物主义即马克思主义的观点来看，我们的知识向客观的、绝

对的真理接近的**界限**是受历史条件制约的,但是这个真理的存在**是无条件的**,我们向这个真理的接近也是无条件的。图画的轮廓是受历史条件制约的,而这幅图画描绘客观地存在着的模特儿,这是无条件的。在我们认识事物本质的过程中,我们什么时候和在什么条件下进到发现煤焦油中的茜素或发现原子中的电子,这是受历史条件制约的;然而,每一个这样的发现都意味着"绝对客观的认识"前进一步,这是无条件的。

《列宁全集》第18卷,人民出版社
2017年版,第137页

绝对真理是由发展中的相对真理的总和构成的;相对真理是不依赖于人类而存在的客体的相对正确的反映;这些反映愈来愈正确;每一个科学真理尽管有相对性,其中都含有绝对真理的成分。

《列宁全集》第18卷,人民出版社
2017年版,第323页

"……观念是**真理**,因为真理就是客观性跟概念相符合……但是,**一切**现实的东西,只要它们是真的,就是观念……单个的存在只不过是观念的某一方面,因此,观念还需要其他的现实,这些现实同样地表现为独立自在的;只是在**它们的**总和中以及在它们的相互**关系**中概念才会实现。单独存在的东西,是不符合自己的概念的;它的定在的这种局限性构成它的有限性并且导向它的毁灭……"

单个的存在(对象、现象等等)(仅仅)是观念(真理)的**一个方面**。真理还需要**现实**的其他方面,这些方面也只是表现为独立的和单个的(独立自在的)。真理**只是在它们的总和**(zusammen)**中**以及在它们的关系(Beziehung)中才会实现。

黑格尔在概念的辩证法中天才地**猜测到了**事物（现象、世界、**自然界**）的辩证法

真理就是由现象、现实的一切方面的**总和**以及它们的（相互）**关系**构成的。概念的关系（＝过渡＝矛盾）＝逻辑的主要内容，并且这些概念（及其关系、过渡、矛盾）是作为客观世界的反映而被表现出来的。**事物**的辩证法创造**观念**的辩证法，而不是相反。

《列宁全集》第 55 卷，人民出版社 2017 年版，第 165—166 页

真理是过程。人从主观的观念，**经过**"实践"（和技术），走向客观真理。

观念是"真理"（第 385 页，第 213 节）。观念，即**真理**，作为过程——因为真理是**过程**——在自己的**发展**（Entwi-cklung）中经历三个阶段：（1）生命；（2）认识过程，其中包括人的**实践**和**技术**，——（3）绝对观念（即完全真理）的阶段。

生命产生脑。自然界反映在人脑中。人在自己的实践中、在技术中检验这些反映的正确性并运用它们，从而也就达到客观真理。

《列宁全集》第 55 卷，人民出版社 2017 年版，第 170 页

（八）马克思的方法首先是考虑具体时间、具体环境里的历史过程的客观内容，任何一个一般的历史的理由，如果用在个别场合而不对该一场合的条件作特殊的分析，都会变成空话

具体之所以具体，因为它是许多规定的综合，因而是多样性的统一。因此它在思维中表现为综合的过程，表现为结果，而不是表现为起点，虽然它是实际的起点，因而也是直观和表象的起点。

《马克思恩格斯文集》第 8 卷，人民出版社 2009 年版，第 25 页

马克思的方法首先是考虑具体时间、具体环境里的历史过程的**客观**内容,以便首先了解,**哪一个阶级**的运动是这个具体环境里可能出现的进步的主要动力。

《列宁全集》第 26 卷,人民出版社
2017 年版,第 140—141 页

我们始终是辩证论者,我们同诡辩论作斗争的办法,不是根本否认任何转化的可能性,而是在**某一事物**的环境和发展中对它进行具体分析。

《列宁全集》第 28 卷,人民出版社
2017 年版,第 5 页

任何一般的历史的理由,如果用在个别场合而不对该场合的条件作专门的分析,都会变成空话。

《列宁全集》第 33 卷,人民出版社
2017 年版,第 388 页

有各种各样的妥协。应当善于分析每一个妥协或每一种妥协的环境和具体条件。应当学习区分这样的两种人:一种人把钱和武器交给强盗,为的是要减少强盗所能加于的祸害和便于后来捕获、枪毙强盗;另一种人把钱和武器交给强盗,为的是要入伙分赃。

《列宁全集》第 39 卷,人民出版社
2017 年版,第 18 页

弄清战争的性质,是马克思主义者解决自己对战争的态度问题的必要前提。而要弄清战争的性质,首先必须判明这次战争的客观条件和具体环境是怎样的。必须把这次战争和产生它的历史环境联系起来,只有这样才能确定对它的态度。否则就会对问题作出不是唯物主义的,而是折中主义的解释。

《列宁全集》第 26 卷,人民出版社
2017 年版,第 33 页

第五章　历史的发展表现为一个总的合力的自然过程

一、导　语

系统思想作为辩证法的一种具体形态，曾被马克思、恩格斯用来研究和解剖了世界上最复杂的系统——社会系统。

早年的马克思、恩格斯特别强调了物质与经济因素对历史发展的决定性作用，为唯物主义奠定了理论基石。然而，对于非经济因素在社会历史发展中所起作用的论述的还不够深入。虽然在总结 1848 年欧洲革命和巴黎公社起义的经验时，马克思曾对上层建筑的历史作用给予了特别的注意，提出了许多深刻的见解，但对于历史发展过程中的非经济因素的作用的阐述仍然是比较零碎的，正如恩格斯所说："关于社会中各种因素之间的交互作用也未给以更多的注意。"为此，晚年的恩格斯在更大的范围内全面考察了社会历史进程中各种因素的交互作用，明确地提出了社会历史的发展表现为一个总的合力的自然过程的思想。马克思主义对于社会历史发展所持的唯物的系统有机论的思想，是系统思想在社会历史研究中的出色运用，这样一来，就同以往的用神学的、精神的，英雄人物的、机械论的观点解释社会历史发展的观点划清了界线，第一次把社会历史发展的理论建立在科学的系统思想基础之上。这主要表现在：

第一，在马克思、恩格斯看来，社会不是什么"可按长官意志随便改变的、偶然产生变化的、机械的个人结合体"，社会是一个活的发展着的有机体,这个有机体的产生、存在、发展和死亡是一个自然过程。这里,马克思已经把社会看作为一个复杂的大系统。这个系统是在不断地与外部世界进行物质、能量、信息的交换,在进行物质、精神、社会关系以及人自身的生产与再生产的过程中才使社会不断地由低级向高级变化发展。

第二,社会系统作为一个整体有自己的各种前提。“而它的总体发展过程就在于,使社会的一切要素从属于自己,或者把自己还缺乏的器官从社会中创造出来,有机体在历史上就是这样向总体发展的,它变成这种总体是它的过程,即它的发展的一个要素。”作为复杂系统而存在的社会,其内部包含有诸多不同层次、不同复杂性的子系统,这些子系统的有机结合才构成社会大系统,它们既从属于社会,按照一定的规律相互作用,通过交互作用不断更新,从而再造社会整体。同时,各个子系统又具有相对的独立性,例如“每一种生产关系都是特殊的社会机体,它有自己的产生、活动和向更高形式过渡即转化为另一种社会机体的特殊规律。”并执行自身对大系统担负的特殊功能。在不停顿地与外界的交互作用与物质、能量等的交换过程中,不断地扬弃自身,进行自身的再构造。

第三,社会的发展与变化构成了历史,是什么力量推动历史前进呢?在马克思主义看来:社会历史的变化发展,不是由所谓“第一推动力”的单一原因决定的,其动力来源于无数个力的合力,是由自然的、社会的、经济的、政治的、文化的、心理的等等因素构成的,是许许多多大人物、小人物、男人、女人等个人力量的结合,是无数需要,无数作用的整体力量,无数交互作用的力量,无数个力的四边形所产生的总的结果,整个社会历史的变化发展就是各种力量交互作用的结果。构成合力的各个分力之间不是简单的因果关系,它们之间是一种有机的联系,彼此作用着、协同着,交织在一起共同对社会大系统起作用。这里没有绝对的力,一切都是相对的;这里也没有独立于社会系统之外的力,分力的作用只有在社会大系统的变化中才能体现出来。因而,马克思主义是把许许多多因素作为一个相互联系的整体来看的,它是从整体上,从合力的观点,全面考察、分析和把握历史进程中各种因素的运动、变化及其相互作用的。

然而,社会作为一个有机系统的发展变化,其内含异常丰富和复杂,在不同的层次上存在着诸多次级的社会系统。例如社会大系统之中，包含生产力、生产关系、政治制度、国家行政、意识形态、价值观念、阶级、人口等等，而每一次级系统中又包含着更小的系统，每一系统内部的各种因素之间都存在着有机的普遍联系，同时又存在着普遍的相互作用。这些高层次与低层次的系统，宏观的和微观的系统相互作用、彼此渗透、交叉往复，引出无数条相互作用之线，编成无数错综复杂的交互联系之网，这种社会联系变化之网是异常精细、复杂和宏大的，其中任何一点的变化，都会引起其它点、线的变化，并牵动着整个网的起伏变动。由此可见，要想全面系统地把握社会系统中的一切联系、中介以及各个环节，显然是异常困难的。

为了在如此复杂的社会之网面前把握住历史发展变化的脉络，马克思主义利用历史唯物主义与系统思想，以社会历史发展中各个系统之间的相互联系和相互作用为基础，从社会存在与发展的最基本条件入手，主要研究和分析了社会系统的主要结构和主干部分，即生产力与生产关系、经济基础与上层建筑的相互作用状态。从而使我们在分析社会历史诸因素普遍作用的网络中，找到了一个总纲。

在此基础上认识社会，系统思想告诉我们，应注意以下方面的问题。

首先，由诸种因素所构成的社会之网并不是杂乱无章的，社会系统是一个有序的结构，社会各个构成要素的结合与联系具有一定的规则和层次，它不是任意排列的，也就是说，社会结构有等级与层次之别。这一重要的系统思想在马克思主义理论中占有突出的地位。如前所述，马克思、恩格斯从社会系统中抽象出来经济、政治、社会意识形态等几种最基本的社会结构要素，它们之间彼此相联系，但又非并列，是有主有次的，最基础的层次是经济结构，而经济结构又是由生产力、生产关系各要素构成的，“物质生活的生产方式制约着整个社会生活、政治生活和精神生活的过程。”这就是说，基础结构，即高一级的结构层次对低一级的结构有着更大的制约性。

其次，不同层次的社会结构以及相互关系又是相对的，在社会生活中并没有一种在任何条件下、任何时候都起决定性作用的社会结构。各个层次的社会结构不仅互相作用，其地位与作用还可以在一定条件下互相转换。

低一级的结构也可以构成高一级结构的基础,并反作用于高一级的结构,它们之间的关系是相对的、辩证的。例如:经济基础决定上层建筑,但作为上层建筑的国家权力可以对经济的发展产生巨大的反作用,这种反作用至少有三种:它可以沿着同一方向对经济发展起作用,在这种情况下经济就会发展得比较快;它可以沿着与经济发展相反的方向起作用;或者是它可以阻碍经济发展沿着某些方向走,而推动它沿着另一种方向走。总之,国家权力既可以推动经济迅速发展,也可以成为经济发展的严重的阻碍力量。

再次,如马克思所说:"人们自己创造历史,但是他们并不是随心所欲地创造,并不是在他们自己选定的条件下创造,而是在直接碰到的、既定的、过去继承下来的条件下创造。"也就是说,人们的所有活动都是在一定的社会结构中进行的。尽管人类自身生生死死,代际交替,但社会却始终存在,原因就在于社会系统具有一定的结构。社会系统的结构是系统保持整体性,及具有一定功能的内在依据。结构决定功能,功能是系统对外部作用的能力,是由系统整体的运动表现出来的,而首先是由系统的结构决定的。对此马克思主义经典作家有很多精辟的分析,以手推磨为特征的生产结构只能产生封建主义,而资本主义只能在以大机器生产为特征的经济结构中产生,任何政治活动的能量和变化都无法超越经济结构的限制。"一切政府,甚至最专制的政府,归根到底都只不过是本国状况所产生的经济必然性的执行者"。

第四,社会系统的功能对结构有着依赖的一面,但又有着相对独立的一面。系统的功能比结构有着更大的可变性,功能变化总是系统结构变化的前提。当社会系统与外界相互作用时,结构虽然未发生变化,但系统功能却首先起了变化。因而马克思说,生产力是社会系统中最活跃的因素。生产力的发展、社会分工的扩大,系统功能的分化会对社会系统的结构、生产关系的稳定产生影响。任何社会不管其结构如何稳固,都不能置身于发展变化之外。尽管社会结构是比较稳定的因素,但系统的功能是更为活跃的因素,而环境总是在变化着的。环境的变化,通过影响功能的变化而导致影响结构的变化。当旧的社会结构成为发展变化的障碍时,社会要求变革,各种力量汇集起来会用各种形式,革命的、改革的方式来调整社会结构,调整的结果便是旧结构被新结构所取代。因而,社会历史的变革是社会结构的变革。人类历史上所经历的由原始社会、奴隶社会到封建社会,由资本主义社会到社会主义社会,便是历史变化的具体过程。

马克思、恩格斯关于“历史的发展表现为一个总的合力的自然过程”的系统思想,对于我们观察社会历史是富有启迪意义的。它的指导作用就在于:

第一,它为我们提供了一种思路,使我们对社会历史的认识,从简单的点与线转向了立体的网络。正因为社会是一个立体的网络,历史的发展是一种综合的力量,是整体的效应,所以,作为一个理性社会,我们指导和促进社会变革就不应局限于单一因素的决定性作用,不应只重视经济因素,还应看到政治的、文化的、个人的、心理的等等因素在社会进步中所起的作用。

第二,既然历史发展是各种因素、多种力量相互作用的结果。那么,同一个历史现象完会可以受不同的规律所支配,同一种社会形态也会有多种类型存在,社会历史的发展也会展示多途径、多模式、多元化现象。根本不存在固定不变的绝对模式,这对于建设有中国特色的社会主义,无疑具有重要的理论意义。

第三,合力论的系统思想还告诉我们,历史的发展变化是在组成社会有机体的各子系统彼此交互作用和与外界进行能量转换的过程中才得以实现的。由此可知,一个社会是封闭还是开放,直接关系到它能否发展,封闭系统可以扼制内部的生机与活力,从而使变化趋于缓慢或者停滞,一个开放的社会,开放的系统,可以加速其与外部物质、能量与信息的交流,使社会系统内部各种要素充满活力与生机,从而推动历史的发展。

二、摘　编

(一)历史的发展象自然的发展一样,有它自己的内在规律

一种社会活动,一系列社会过程,越是超出人们的自觉的控制,越是超出他们支配的范围,越是显得受纯粹的偶然性的摆布,它所固有的内在规律

就越是以自然的必然性在这种偶然性中去实现自身。

《马克思恩格斯文集》第4卷，人民出版社2009年版，第194页

历史的进化像自然的进化一样，有其内在规律。

《马克思恩格斯文集》第4卷，人民出版社2009年版，第322页

显而易见，马克思关于社会经济形态发展的自然历史过程这一基本思想，从根本上摧毁了这种以社会学自命的幼稚说教。马克思究竟是怎样得出这个基本思想的呢？他做到这一点所用的方法，就是从社会生活的各种领域中划分出经济领域，从一切社会关系中划分出**生产关系**，即决定其余一切关系的基本的原始的关系。

《列宁全集》第1卷，人民出版社2013年版，第107页

达尔文推翻了那种把动植物物种看作彼此毫无联系的、偶然的、"神造的"、不变的东西的观点，探明了物种的变异性和承续性，第一次把生物学放在完全科学的基础之上。同样，马克思也推翻了那种把社会看作可按长官意志（或者说按社会意志和政府意志，反正都一样）随便改变的、偶然产生和变化的、机械的个人结合体的观点，探明了作为一定生产关系总和的社会经济形态这个概念，探明了这种形态的发展是自然历史过程。

《列宁全集》第1卷，人民出版社2013年版，第111页

马克思把社会运动看作受一定规律支配的自然历史过程，这些规律不仅不以人的意志、意识和意图为转移，反而决定人的意志、意识和意图。（请那些因为人抱有自觉的"目的"，遵循一定的理想，而主张把社会演进从

自然历史演进中划分出来的主观主义者先生们注意。)

《列宁全集》第1卷,人民出版社2013年版,第136页

马克思没有丝毫的空想主义,就是说,他没有虚构和幻想"新"社会。相反,他把**从**旧社会**诞生**新社会的过程、从前者进到后者的过渡形式,作为一个自然历史过程来研究。

《列宁全集》第31卷,人民出版社2017年版,第45页

(二)自然界中一切现象都是有物质原因作基础,辩证方法是要我们把社会看做活动着和发展着的活的机体

每一个社会中的生产关系都形成一个统一的整体。

……

谁用政治经济学的范畴构筑某种意识形态体系的大厦,谁就是把社会体系的各个环节割裂开来,就是把社会的各个环节变成同等数量的依次出现的单个社会。

《马克思恩格斯文集》第1卷,人民出版社2009年版,第603—604页

因此,各个人借以进行生产的社会关系,即社会生产关系,是随着物质生产资料、生产力的变化和发展而变化和改变的。生产关系总合起来就构成所谓社会关系,构成所谓社会,并且是构成一个处于一定历史发展阶段上的社会,具有独特的特征的社会。古典古代社会、封建社会和资产阶级社会都是这样的生产关系的总和,而其中每一个生产关系的总和同时又标志着人类历史发展中的一个特殊阶段。

《马克思恩格斯文集》第1卷,人民出版社2009年版,第724页

因此，我在英语中如果也像在其他许多语言中那样用“历史唯物主义”这个名词来表达一种关于历史过程的观点，我希望英国的体面人物不至于过分感到吃惊。这种观点认为，一切重要历史事件的终极原因和伟大动力是社会的经济发展，是生产方式和交换方式的改变，是由此产生的社会之划分为不同的阶级，是这些阶级彼此之间的斗争。

《马克思恩格斯文集》第3卷，人民出版社2009年版，第508—509页

自然界不是一方面造成货币占有者或商品占有者，而另一方面造成只是自己劳动力的占有者。这种关系既不是自然史上的关系，也不是一切历史时期所共有的社会关系。它本身显然是已往历史发展的结果，是许多次经济变革的产物，是一系列陈旧的社会生产形态灭亡的产物。

《马克思恩格斯文集》第5卷，人民出版社2009年版，第197页

……根据唯物史观，历史过程中的决定性因素**归根到底**是现实生活的生产和再生产。

《马克思恩格斯文集》第10卷，人民出版社2009年版，第591页

马克思和恩格斯称之为辩证方法（它与形而上学方法相反）的，不是别的，正是社会学中的科学方法，这个方法把社会看作处在不断发展中的活的机体（而不是机械地结合起来因而可以把各种社会要素随便配搭起来的一种什么东西），要研究这个机体，就必须客观地分析组成该社会形态的生产关系，研究该社会形态的活动规律和发展规律。

《列宁全集》第1卷，人民出版社2013年版，第135页

经济生活是与生物学其他领域的发展史相类似的现象。旧经济学家不懂得经济规律的性质,他们把经济规律与物理学定律和化学定律相提并论。更深刻的分析表明,各种社会机体和各种动植物机体一样,彼此有很大的不同。马克思认为自己的任务是根据这种观点来研究资本主义的经济组织,因而严格科学地表述了对经济生活的任何精确的研究所应抱的目的。这种研究的科学意义,在于阐明调节这个社会机体的产生、生存、发展和死亡以及这一机体为另一更高的机体所代替的特殊规律(历史规律)。

《列宁全集》第 1 卷,人民出版社
2013 年版,第 136 页

这是因为作者不善于考察社会问题:他(再说一遍,我把米海洛夫斯基先生的议论只是当作例子,来批评**整个**俄国社会主义)根本没有打算**说明**当时的“劳动形式”,把这些形式看作一定的生产关系体系,看作一定的社会形态。用马克思的话来说,他根本不懂得辩证方法,而辩证方法要我们把社会看作活动着和发展着的活的机体。

《列宁全集》第 1 卷,人民出版社
2013 年版,第 158—159 页

按照马克思的理论,每一种这样的生产关系体系都是特殊的社会机体,它有自己的产生、活动和向更高形式过渡即转化为另一种社会机体的特殊规律。

《列宁全集》第 1 卷,人民出版社
2013 年版,第 372 页

(三)物质生活的生产方式制约着整个社会生活、政治生活和精神生活的过程,政治适应经济是必然要发生的,但不会一下子发生,不会顺利地、简单地、直接地发生

法的关系正像国家的形式一样,既不能从它们本身来理解,也不能从所

谓人类精神的一般发展来理解,相反,它们根源于物质的生活关系,这种物质的生活关系的总和,黑格尔按照 18 世纪的英国人和法国人的先例,概括为“市民社会”,……人们在自己生活的社会生产中发生一定的、必然的、不以他们的意志为转移的关系,即同他们的物质生产力的一定发展阶段相适合的生产关系。这些生产关系的总和构成社会的经济结构,即有法律的和政治的上层建筑竖立其上并有一定的社会意识形式与之相适应的现实基础。物质生活的生产方式制约着整个社会生活、政治生活和精神生活的过程。不是人们的意识决定人们的存在,相反,是人们的社会存在决定人们的意识。社会的物质生产力发展到一定阶段,便同它们一直在其中活动的现存生产关系或财产关系(这只是生产关系的法律用语)发生矛盾。于是这些关系便由生产力的发展形式变成生产力的桎梏。那时社会革命的时代就到来了。随着经济基础的变更,全部庞大的上层建筑也或慢或快地发生变革。

《马克思恩格斯文集》第 2 卷,人民出版社 2009 年版,第 591—592 页

下面这个原理,不仅对于经济学,而且对于一切历史科学(凡不是自然科学的科学都是历史科学)都是一个具有革命意义的发现:“物质生活的生产方式制约着整个社会生活、政治生活和精神生活的过程。”在历史上出现的一切社会关系和国家关系,一切宗教制度和法律制度,一切理论观点,只有理解了每一个与之相应的时代的物质生活条件,并且从这些物质条件中被引申出来的时候,才能理解。“不是人们的意识决定人们的存在,相反,是人们的社会存在决定人们的意识。”这个原理非常简单,它对于没有被唯心主义的欺骗束缚住的人来说是不言自明的。但是,这个事实不仅对于理论,而且对于实践都是最革命的结论。

《马克思恩格斯文集》第 2 卷,人民出版社 2009 年版,第 597 页

马克思用他的唯物史观帮助了工人阶级，他证明：人们的一切法律、政治、哲学、宗教等等观念归根结底都是从他们的经济生活条件、从他们的生产方式和产品交换方式中引导出来的。由此便产生了适合于无产阶级的生活条件和斗争条件的世界观；和工人毫无财产相适应的只能是他们头脑中毫无幻想。而这个无产阶级的世界观目前正在全球传播。

《马克思恩格斯全集》第 28 卷，人民出版社 2018 年版，第 641 页

一切政府，甚至最专制的政府，**归根到底**都不过是本国状况的经济必然性的执行者。它们可以通过各种方式——好的、坏的或不好不坏的——来执行这一任务；它们可以加速或延缓经济发展及其政治和法律的结果，可是最终它们还是要遵循这种发展。

《马克思恩格斯文集》第 10 卷，人民出版社 2009 年版，第 626 页

恩格斯根本没有设想“经济”因素自己会直接排除一切困难。经济变革会使**一切**民族**倾向**于社会主义，但是同时也可能发生革命（反对社会主义国家的）和战争。政治适应经济是必然要发生的，但是不会一下子发生，不会顺利地、简单地、直接地发生。

《列宁全集》第 28 卷，人民出版社 2017 年版，第 49 页

它们不会启发学习的人的兴趣，因为它们非常狭隘和缺乏联系地去理解各个经济问题的意义，把经济、政治、道德等等“因素”“诗意般地混杂”在一起。只有**唯物主义历史观**才能澄清这种混乱，才能广泛地、有条理地、精明地观察社会经济的特定结构，把它看作人类整个社会生活特定结构的基础。

《列宁全集》第 4 卷，人民出版社 2013 年版，第 3 页

（四）历史是这样创造的：最终的结果总是从许多单个的意志的相互冲突中产生出来的，这样就有无数互相交错的力量，有无数个力的平行四边形，而由此就产生出一个总的结果，一个总的平均数，一个总的合力

历史活动是群众的活动，随着历史活动的深入，必将是群众队伍的扩大。

《马克思恩格斯文集》第1卷，人民出版社2009年版，第287页

历史不是作为“源于精神的精神”消融在“自我意识”中而告终的，历史的每一阶段都遇到一定的物质结果，一定的生产力总和，人对自然以及个人之间历史地形成的关系，都遇到前一代传给后一代的大量生产力、资金和环境，尽管一方面这些生产力、资金和环境为新的一代所改变，但另一方面，它们也预先规定新的一代本身的生活条件，使它得到一定的发展和具有特殊的性质。由此可见，这种观点表明：人创造环境，同样，环境也创造人。

《马克思恩格斯文集》第1卷，人民出版社2009年版，第544—545页

历史不外是各个世代的依次交替。每一代都利用以前各代遗留下来的材料、资金和生产力；由于这个缘故，每一代一方面在完全改变了的环境下继续从事所继承的活动，另一方面又通过完全改变了的活动来变更旧的环境。

《马克思恩格斯文集》第1卷，人民出版社2009年版，第540页

人们自己创造自己的历史，但是他们并不是随心所欲地创造，并不是在他们自己选定的条件下创造，而是在直接碰到的、既定的、从过去承继下来的条件下创造。一切已死的先辈们的传统，像梦魔一样纠缠着活人的头脑。当人们好像只刚好忙于改造自己和周围的事物并创造前所未有的事物时，

恰好在这种革命危机时代,他们战战兢兢地请出亡灵来为自己效劳,借用它们的名字、战斗口号和衣服,以便穿着这种久受崇敬的服装,用这种借来的语言,演出世界历史的新场面。

《马克思恩格斯文集》第2卷,人民出版社2009年版,第470—471页

但是,社会发展史却有一点是和自然发展史根本不相同的。在自然界中(如果我们把人对自然界的反作用撇开不谈)全是没有意识的、盲目的动力,这些动力彼此发生作用,而一般规律就表现在这些动力的相互作用中。在所发生的任何事情中,无论在外表上看得出的无数表面的偶然性中,或者在可以证实这些偶然性内部的规律性的最终结果中,都没有任何事情是作为预期的自觉的目的发生的。相反,在社会历史领域内进行活动的,是具有意识的、经过思虑或凭激情行动的、追求某种目的的人;任何事情的发生都不是没有自觉的意图,没有预期的目的的。但是,不管这个差别对历史研究,尤其是对各个时代和各个事变的历史研究如何重要,它丝毫不能改变这样一个事实:历史进程是受内在的一般规律支配的。因为在这一领域内,尽管各个人都有自觉期望的目的,总的说来在表面上好像也是偶然性在支配着。人们所预期的东西很少如愿以偿,许多预期的目的在大多数场合都互相干扰,彼此冲突,或者是这些目的本身一开始就是实现不了的,或者是缺乏实现的手段的。这样,无数的单个愿望和单个行动的冲突,在历史领域内造成了一种同没有意识的自然界中占统治地位的状况完全相似的状况。行动的目的是预期的,但是行动实际产生的结果并不是预期的,或者这种结果起初似乎还和预期的目的相符合,而到了最后却完全不是预期的结果。

《马克思恩格斯文集》第4卷,人民出版社2009年版,第301—302页

社会力量完全像自然力一样,在我们还没有认识和考虑到它们的时候,

起着盲目的、强制的和破坏的作用。但是,一旦我们认识了它们,理解了它们的活动、方向和影响,那么,要使它们越来越服从我们的意志并利用它们来达到我们的目的,就完全取决于我们了。这一点特别适用于今天的强大的生产力。

《马克思恩格斯文集》第3卷,人民出版社2009年版,第560页

人们总是通过每一个人追求他自己的、自觉预期的目的来创造他们的历史,而这许多按不同方向活动的愿望及其对外部世界的各种各样作用的合力,就是历史。因此,问题也在于,这许多单个的人所预期的是什么。愿望是由激情或思虑来决定的。而直接决定激情或思虑的杠杆是各式各样的。有的可能是外界的事物,有的可能是精神方面的动机,如功名心、“对真理和正义的热忱”、个人的憎恶,或者甚至是各种纯粹个人的怪想。但是,一方面,我们已经看到,在历史上活动的许多单个愿望在大多数场合下所得到的完全不是预期的结果,往往是恰恰相反的结果,因而它们的动机对全部结果来说同样地只有从属的意义。另一方面,又产生了一个新的问题:在这些动机背后隐藏着的又是什么样的动力?在行动者的头脑中以这些动机的形式出现的历史原因又是什么?

《马克思恩格斯文集》第4卷,人民出版社2009年版,第302—303页

相同的经济基础——按主要条件来说相同——可以由于无数不同的经验的情况,自然条件,种族关系,各种从外部发生作用的历史影响等等,而在现象上显示出无穷无尽的变异和色彩差别,这些变异和差异只有通过对这些经验上已存在的情况进行分析才可以理解。

《马克思恩格斯文集》第7卷,人民出版社2009年版,第894—895页

后来的每一代人都得到前一代人已经取得的生产力并当做原料来为自己新的生产服务,由于这一简单的事实,就形成人们的历史中的联系,就形成人类的历史,这个历史随着人们的生产力以及人们的社会关系的愈益发展而愈益成为人类的历史。由此就必然得出一个结论:人们的社会历史始终只是他们的个体发展的历史,而不管他们是否意识到这一点。他们的物质关系形成他们的一切关系的基础。这种物质关系不过是他们的物质的和个体的活动所借以实现的必然形式罢了。

《马克思恩格斯文集》第10卷,人民出版社2009年版,第43页

我们自己创造着我们的历史,但是第一,我们是在十分确定的前提和条件下进行创造的。其中经济的前提和条件归根到底是决定性的。但是政治等等的前提和条件,甚至那些萦回于人们头脑中的传统,也起着一定的作用,虽然不是决定性的作用。

《马克思恩格斯文集》第10卷,人民出版社2009年版,第592页

历史是这样创造的:最终的结果总是从许多单个的意志的相互冲突中产生出来的,而其中每一个意志,又是由于许多特殊的生活条件,才成为它所成为的那样。这样就有无数互相交错的力量,有无数个力的平行四边形,由此就产生出一个合力,即历史结果,而这个结果又可以看做一个作为整体的、**不自觉地**和不自主地起着作用的力量的产物。因为任何一个人的愿望都会受到任何另一个人的妨碍,而最后出现的结果就是谁都没有希望过的事物。所以到目前为止的历史总是像一种自然过程一样地进行,而且实质上也是服从于同一运动规律的。但是,各个人的意志——其中的每一个都希望得到他的体质和外部的、归根到底是经济的情况(或是他个人的,或是一般社会性的)使他向往的东西——虽然都达不到自己的愿望,而是融合为一个总的平均数,一个总的合力,然而从这一事实中决不应作出结论说,

这些意志等于零。相反,每个意志都对合力有所贡献,因而是包括在这个合力里面的。

《马克思恩格斯文集》第10卷,人民出版社2009年版,第592—593页

国家权力对于经济发展的反作用可以有三种:它可以沿着同一方向起作用,在这种情况下就会发展得比较快;它可以沿着相反方向起作用,在这种情况下,像现在每个大民族的情况那样,它经过一定的时期就要崩溃;或者是它可以阻止经济发展沿着某些方向走,而给它规定另外的方向——这种情况归根到底还是归结为前两种情况中的一种。但是很明显,在第二和第三种情况下,政治权力会给经济发展带来巨大的损害,并造成大量人力和物力的浪费。

《马克思恩格斯文集》第10卷,人民出版社2009年版,第597页

与此有关的还有意识形态家们的一个愚蠢观念。这就是:因为我们否认在历史中起作用的各种意识形态领域有独立的历史发展,所以我们也否认它们对历史有任何影响。这是由于通常把原因和结果非辩证地看做僵硬对立的两极,完全忘记了相互作用。这些先生们常常几乎是故意地忘记,一种历史因素一旦被其他的、归根到底是经济的原因造成了,它也就起作用,就能够对它的环境,甚至对产生它的原因发生反作用。

《马克思恩格斯文集》第10卷,人民出版社2009年版,第659页

政治、法、哲学、宗教、文学、艺术等等的发展是以经济发展为基础的。但是,它们又都互相作用并对经济基础发生作用。这并不是说,只有经济状况才是**原因,才是积极的**,其余一切都不过是消极的结果,而是说,这是在**归**

根到底不断为自己开辟道路的经济必然性的基础上的互相作用。……所以,并不像人们有时不如思索地想象的那样是经济状况自动发生作用,而是人们自己创造自己的历史,但他们是在既定的、制约着他们的环境中,是在现有的现实关系的基础上进行创造的,在这些现实关系中,经济关系不管受到其他关系——政治的和意识形态的——多大影响,归根到底还是具有决定意义的,它构成一条贯穿始终的、唯一有助于理解的红线。

《马克思恩格斯文集》第10卷,人民出版社2009年版,第668页

人们自己创造自己的历史,但是到现在为止,他们并不是按照共同的意志,根据一个共同的计划,甚至不是在一个有明确界限的既定社会内来创造自己的历史。他们的意向是相互交错的,正因为如此,在所有这样的社会里,都是那种以偶然性为其补充和表现形式的必然性占统治地位。在这里通过各种偶然性来为自己开辟道路的必然性,归根到底仍然是经济的必然性。这里我们就来谈谈所谓伟大人物问题。恰巧某个伟大人物在一定时间出现于某一国家,这当然纯粹是一种偶然现象。但是,如果我们把这个人去掉,那时就会需要有另外一个人来代替他,并且这个代替者是会出现的,不论好一些或差一些,但是最终总是会出现的。恰巧拿破仑这个科西嘉人做了被本身的战争弄得精疲力竭的法兰西共和国所需要的军事独裁者,这是个偶然现象。但是,假如没有拿破仑这个人,他的角色就会由另一个人来扮演。这一点可以由下面的事实来证明:每当需要有这样一个人的时候,他就会出现,如凯撒、奥古斯都、克伦威尔等等。如果说马克思发现了唯物史观,那么梯叶里、米涅、基佐以及1850年以前英国所有的历史编纂学家则表明,人们已经在这方面作过努力,而摩尔根对于同一观点的发现表明,发现这一观点的时机已经成熟了,这一观点必定被发现。

历史上所有其他的偶然现象和表面的偶然现象都是如此。我们所研究的领域越是远离经济,越是接近于纯粹抽象的意识形态,我们就越是发现它在自己的发展中表现为偶然现象,它的曲线就越是曲折。如果您画出曲线

的中轴线，您就会发现，所考察的时期越长，所考察的范围越广，这个轴线就越是接近经济发展的轴线，就越是同后者平行而进。

《马克思恩格斯文集》第10卷，人民出版社2009年版，第669页

（五）由于生产条件的变革及其所引起的社会结构中的变化，民族制度已经过时了、它被国家代替了

随着分工的发展也产生了单个人的利益或单个家庭的利益与所有互相交往的个人的共同利益之间的矛盾；而且这种共同利益不是仅仅作为一种“普遍的东西”存在于观念之中，而首先是作为彼此有了分工的个人之间的相互依存关系存在于现实之中。

正是由于特殊利益和共同利益之间的这种矛盾，共同利益才采取国家这种与实际的单个利益和全体利益相脱离的独立形式，同时采取虚幻的共同体的形式，而这始终是在每一个家庭集团或部落集团中现有的骨肉联系、语言联系、较大规模的分工联系以及其他利益的联系的现实基础上，特别是在我们以后将要阐明的已经由分工决定的阶级的基础上产生的，这些阶级是通过每一个这样的人群分离开来的，其中一个阶级统治着其他一切阶级。

《马克思恩格斯文集》第1卷，人民出版社2009年版，第536页

物质劳动和精神劳动的最大的一次分工，就是城市和乡村的分离。城乡之间的对立是随着野蛮向文明的过渡、部落制度向国家的过渡、地域局限性向民族的过渡而开始的，它贯穿着文明的全部历史直31至现在（反谷物法同盟）。——随着城市的出现，必然要有行政机关、警察、赋税等等，一句话，必然要有公共机构，从而也就必然要有一般政治。在这里，居民第一次划分为两大阶级，这种划分直接以分工和生产工具为基础。

《马克思恩格斯文集》第1卷，人民出版社2009年版，第556页

那些决不依个人“意志”为转移的个人的物质生活,即他们的相互制约的生产方式和交往形式,是国家的现实基础,而且在一切还必需有分工和私有制的阶段上,都是完全不依个人的**意志**为转移的。这些现实的关系决不是国家政权创造出来的,相反地,它们本身就是创造国家政权的力量。在这种关系中占统治地位的个人除了必须以**国家**的形式组织自己的力量外,他们还必须给予他们自己的由这些特定关系所决定的意志以国家意志即法律的一般表现形式。这种表现形式的内容总是决定于这个阶级的关系,这是由例如私法和刑法非常清楚地证明了的。这些个人通过法律形式来实现自己的意志,同时使其不受他们之中任何一个单个人的任性所左右,这一点之不取决于他们的意志,如同他们的体重不取决于他们的唯心主义的意志或任性一样。他们的个人统治必须同时是一个一般的统治。他们个人的权力的基础就是他们的生活条件,这些条件是作为对许多个人共同的条件而发展起来的,为了维护这些条件,他们作为统治者,与其他的个人相对立,而同时却主张这些条件对所有的人都有效。由他们的共同利益所决定的这种意志的表现,就是法律。

《马克思恩格斯全集》第3卷,人民出版社1960年版,第377—378页

随着历史上一定社会的生产和交换的方式和方法的产生,随着这一社会的历史前提的产生,同时也产生了产品分配的方式方法。在实行土地公有制的氏族公社或农村公社中(一切文明民族都是同这种公社一起或带着它的非常明显的残余进入历史的),相当平等地分配产品,完全是不言而喻的;如果成员之间在分配方面发生了比较大的不平等,那么,这就已经是公社开始解体的标志了。

……

但是,随着分配上的差别的出现,也出现了**阶级差别**。社会分为享有特权的和,受歧视的阶级剥削的和被剥削的阶级、统治的和被统治的阶级,而同一氏族的各个公社自然形成的集团最初只是为了维护共同利益(例如在

东方是灌溉)、为了抵御外敌而发展成的国家,从此也就同样具有了这样的职能:用暴力对付被统治阶级,维持统治阶级的生活条件和统治条件。

《马克思恩格斯文集》第 9 卷,人民出版社 2009 年版,第 154—155 页

根据唯物主义观点,历史中的决定性因素,归根结底是直接生活的生产和再生产。但是,生产本身又有两种。一方面是生活资料即食物、衣服、住房以及为此所必需的工具的生产;另一方面是人自身的生产,即种的繁衍。一定历史时代和一定地区内的人们生活于其下的社会制度,受着两种生产的制约:一方面受劳动的发展阶段的制约,另一方面受家庭的发展阶段的制约。劳动越不发展,劳动产品的数量,从而社会的财富越受限制,社会制度就越在较大程度上受血族关系的支配。然而,在以血族关系为基础的这种社会结构中,劳动生产率日益发展起来;与此同时,私有制和交换,财产差别、使用他人劳动力的可能性,从而阶级对立的基础等等新的社会成分,也日益发展起来;这些新的社会成分在几个世代中竭力使旧的社会制度适应新的条件,直到两者的不相容性最后导致一个彻底的变革为止。以血族团体为基础的旧社会,由于新形成的各社会阶级的冲突而被炸毁;代之而起的是组成为国家的新社会,而国家的基层单位已经不是血族团体,而是地区团体了。在这种社会中,家庭制度完全受所有制的支配,阶级对立和阶级斗争从此自由开展起来,这种阶级对立和阶级斗争构成了直到今日的全部**成文**史的内容。

《马克思恩格斯文集》第 4 卷,人民出版社 2009 年版,第 15—16 页

由于谋生条件的变革及其所引起的社会结构的变化,又产生了新的需要和利益,这些新的需要和利益不仅同旧的氏族制度格格不入,而且还千方百计在破坏它。由于分工而产生的手工业集团的利益,城市的对立于乡村的特殊需要,都要求有新的机构;但是,每一个这种集团都是由属于极不相

同的氏族、胞族和部落的人们组成的,甚至还包括外地人在内;因此,这种机构必须在氏族制度以外,与它并列地形成,从而又是与它对立的。——同时,在每个氏族团体中,也表现出利益的冲突,这种冲突由于富人和穷人、高利贷者和债务人结合于同一氏族和同一部落中而达到最尖锐的地步。——此外,又加上了大批新的、氏族公社以外的居民,他们在当地已经能够成为一种力量,像罗马的情况那样,同时他们人数太多,不可能被逐渐接纳到血缘亲属的血族和部落中来。氏族公社作为一种封闭的享有特权的团体与这一批居民相对立;原始的自然形成的民主制变成了可憎的贵族制。——最后,氏族制度是从那种没有任何内部对立的社会中生长出来的,而且只适合于这种社会。除了舆论以外,它没有任何强制手段。但是现在产生了这样一个社会,它由于自己的全部经济生活条件而必然分裂为自由民和奴隶,进行剥削的富人和被剥削的穷人,而这个社会不仅再也不能调和这种对立,反而必然使这些对立日益尖锐化。一个这样的社会,只能或者存在于这些阶级相互间连续不断的公开斗争中,或者存在于第三种力量的统治下,这第三种力量似乎站在相互斗争着的各阶级之上,压制它们的公开的冲突,顶多容许阶级斗争在经济领域内以所谓合法形式决出结果来。氏族制度已经过时了。它被分工及其后果即社会之分裂为阶级所炸毁。它被国家代替了。

《马克思恩格斯文集》第 4 卷,人民出版社 2009 年版,第 187—188 页

从分工的观点来看问题最容易理解。社会产生它不能缺少的某些共同职能。被指定执行这种职能的人,形成社会内部分工的一个新部门。这样,他们也获得了同授权给他们的人相对立的特殊利益,他们同这些人相对立而独立起来,于是就出现了国家。然后便发生像在商品贸易中和后来在货币贸易中发生的那种情形:新的独立的力量总的说来固然应当尾随生产的运动,然而由于它本身具有的、即它一经获得便逐渐向前发展的相对独立性,它又对生产的条件和进程发生反作用。这是两种不相等的力量的相互作用:一方面是经济运动,另一方面是追求尽可能大的独立性并且一经确立

也就有了自己的运动的新的政治权力。总的说来,经济运动会为自己开辟道路,但是它也必定要经受它自己所确立的并且具有相对独立性的政治运动的反作用,即国家权力的以及和它同时产生的反对派的运动的反作用。

《马克思恩格斯文集》第10卷,人民出版社2009年版,第596—597页

法也与此相似:产生了职业法学家的新分工一旦成为必要,就又开辟了一个新的独立领域,这个领域虽然一般地依赖于生产和贸易,但是它仍然具有对这两个领域起反作用的特殊能力。在现代国家中,法不仅必须适应于总的经济状况,不仅必须是它的表现,而且还必须是不因内在矛盾而自相抵触的一种内部和谐一致的表现。而为了达到这一点,经济关系的忠实反映便日益受到破坏。法典越是不把一个阶级的统治鲜明地、不加缓和地、不加歪曲地表现出来(否则就违反了"法的概念"),这种现象就越常见。1792—1796年时期革命资550产阶级的纯粹而彻底的法的概念,在许多方面已经在拿破仑法典中被歪曲了,而就它在这个法典中的体现来说,它必定由于无产阶级的不断增长的力量而每天遭到各种削弱。但是这并不妨碍拿破仑法典成为世界各地编纂一切新法典时当做基础来使用的法典。这样,"法的发展"的进程大部分只在于首先设法消除那些由于将经济关系直接翻译成法律原则而产生的矛盾,建立和谐的法的体系,然后是经济进一步发展的影响和强制力又一再突破这个体系,并使它陷入新的矛盾(这里我暂时只谈民法)。

《马克思恩格斯文集》第10卷,人民出版社2009年版,第597—598页

因为国家是统治阶级的各个人借以实现其共同利益的形式,是该时代的整个市民社会获得集中表现的形式,所以可以得出结论:一切共同的规章都是以国家为中介的,都获得了政治形式。由此便产生了一种错觉,好像法律是以意志为基础的,而且是以脱离现实基础的意志即自由意志为基础的。

同样，法随后也被归结为法律。

《马克思恩格斯文集》第1卷，人民出版社2009年版，第584页

当文明一开始的时候，生产就开始建立在级别、等级和阶级的对抗上，最后建立在积累的劳动和直接的劳动的对抗上。没有对抗就没有进步。这是文明直到今天所遵循的规律。……如果硬说由于所有劳动者的一切需要都已满足，所以人们才能创造更高级的产品和从事更复杂的生产，那就是撇开阶级对抗，颠倒整个历史的发展过程。

《马克思恩格斯全集》第4卷，人民出版社1958年版，第104页

将近40年来，我们一贯强调阶级斗争，认为它是历史的直接动力，特别是一贯强调资产阶级和无产阶级之间的阶级斗争，认为它是现代社会变革的巨大杠杆……

《马克思恩格斯文集》第3卷，人民出版社2009年版，第484页

新的事实迫使人们对以往的全部历史作一番新的研究，结果发现：以往的**全部**历史，除原始状态外，都是阶级斗争的历史；这些互相斗争的社会阶级在任何时候都是生产关系和交换关系的产物，一句话，都是自己时代的**经济**关系的产物；因而每一时代的社会经济结构形成现实基础，每一个历史时期的由法的设施和政治设施以及宗教的、哲学的和其他的观念形式所构成的全部上层建筑，归根到底都是应由这个基础来说明。

《马克思恩格斯文集》第3卷，人民出版社2009年版，第544页

正是马克思最先发现了重大的历史运动规律。根据这个规律，一切历

史上的斗争，无论是在政治、宗教、哲学的领域中进行的，还是在其他意识形态领域中进行的，实际上只是或多或少明显地表现了各社会阶级的斗争，而这些阶级的存在以及它们之间的冲突，又为它们的经济状况的发展程度、它们的生产的性质和方式以及由生产所决定的交换的性质和方式所制约。

《马克思恩格斯文集》第2卷，人民出版社2009年版，第469页

每一历史时代主要的经济生产方式和交换方式以及必然由此产生的社会结构，是该时代政治的和精神的历史所赖以确立的基础，并且只有从这一基础出发，这一历史才能得到说明；因此人类的全部历史（从土地公有的原始氏族社会解体以来）都是阶级斗争的历史，即剥削阶级和被剥削阶级之间、统治阶级和被压迫阶级之间斗争的历史……

《马克思恩格斯文集》第2卷，人民出版社2009年版，第14页

这些日益加速互相排挤的发明和发现，这种以前所未有的幅度日益提高的人类劳动的生产率，最终必将造成一种使当代资本主义经济走向灭亡的冲突。一方面是不可计量的财富和购买者无法对付的产品过剩，另一方面是社会上绝大多数人口无产阶级化，变成雇佣工人，因而无力获得这些过剩的产品。社会分裂为人数很少的过分富有的阶级和人数众多的无产的雇佣工人阶级，这就使得这个社会被自己的富有所窒息，而同时社会的绝大多数成员却几乎没有或完全没有免除极度贫困的任何保障。社会的这种状况日益显得荒谬，日益显得没有存在的必要。这种状况应当被消除，而且能够被消除。一个新的社会制度是可能实现的，在这个制度之下，当代的阶级差别将消失；而且在这个制度之下——也许在经过一个短暂的、有些艰苦的、但无论如何在道义上很有益的过渡时期以后——，通过有计划地利用和进一步发展一切社会成员的现有的巨大生产力，在人人都必须劳动的条件下，人人也都将同等地、愈益丰富地得到生活资料、享受资料、发展和表现一切

体力和智力所需的资料。

《马克思恩格斯文集》第1卷，人民出版社2009年版，第709—710页

所谓阶级，就是这样一些大的集团，这些集团在历史上一定的社会生产体系中所处的地位不同，同生产资料的关系（这种关系大部分是在法律上明文规定了的）不同，在社会劳动组织中所起的作用不同，因而取得归自己支配的那份社会财富的方式和多寡也不同。所谓阶级，就是这样一些集团，由于它们在一定社会经济结构中所处的地位不同，其中一个集团能够占有另一个集团的劳动。

《列宁全集》第37卷，人民出版社2017年版，第13页

"活的个人"在每个这样的社会经济形态范围内的活动，这些极为多样的似乎不能加以任何系统化的活动，已被概括起来，并归结为各个在生产关系体系中所起的作用上、在生产条件上、因而在生活环境的条件上以及在这种环境所决定的利益上彼此不同的个人集团的活动，一句话，归结为**各个阶级**的活动，而这些阶级的斗争决定着社会的发展。

《列宁全集》第1卷，人民出版社2013年版，第373页

某一社会中一些成员的意向同另一些成员的意向相抵触；社会生活充满着矛盾；我们在历史上看到各民族之间，各社会之间，以及各民族、各社会内部的斗争，还看到革命和反动、和平和战争、停滞和迅速发展或衰落等不同时期的更迭，——这些都是人所共知的事实。马克思主义提供了一条指导性的线索，使我们能在这种看来扑朔迷离、一团混乱的状态中发现规律性。这条线索就是阶级斗争的理论。只有研究某一社会或某几个社会的全体成员的意向的总和，才能科学地确定这些意向的结果。其所以有各种矛

盾的意向,是因为每个社会所分成的**各阶级**的地位和生活条件不同。……在一系列历史著作中(见**书目**),马克思提供了用唯物主义观点研究历史、分析**每个**阶级以至一个阶级内部各个集团或阶层所处地位的光辉而深刻的范例,透彻地指明为什么和怎么说"一切阶级斗争都是政治斗争"。

《列宁全集》第26卷,人民出版社
2017年版,第60—61页

(六)阶级的存在仅仅同生产发展的一定历史阶段相联系,阶级斗争必然要导致无产阶级专政,这个专政不过是达到消灭一切阶级和进入无阶级社会的过渡

无产阶级和富有是两个对立面。它们本身构成一个统一的整体。它们二者都是由私有制世界产生的。问题在于这两个方面中的每一个方面在对立中究竟占有什么样的确定的地位。只宣布它们是统一整体的两个方面是不够的。

私有制,作为私有制来说,作为富有来说,不能不保持**自身的存在**,因而也就不能不保持自己的对立面——无产阶级的存在。这是对立的**肯定**方面,是得到自我满足的私有制。

相反地,无产阶级,作为无产阶级来说,不能不消灭自身,因而也不能不消灭制约着它而使它成为无产阶级的那个对立面——私有制。这是对立的**否定**方面,是对立内部的不安,是已被消灭的并且正在消灭自身的私有制。

有产阶级和无产阶级同是人的自我异化。但有产阶级在这种自我异化中感到自己是被满足的和被巩固的,它把这种异化看做**自身强大**的证明,并在这种异化中获得人的生存的**外观**。而无产阶级在这种异化中则感到自己是被毁灭的,并在其中看到自己的无力和非人的生存的现实。这个阶级,用黑格尔的话来说,就是在被唾弃的状况下对这种状况的**愤慨**,这个阶级之所以必然产生这种愤慨,是由于它的人类**本性**和它那种公开地、断然地、全面地否定这种本性的生活状况相矛盾。

由此可见,在整个对立的范围内,私有者是**保守的**方面,无产者是**破坏**

的方面。从前者产生保持对立的行动,从后者则产生消灭对立的行动。

《马克思恩格斯全集》第2卷,人民出版社1957年版,第43—44页

人口的集中固然对有产阶级起了鼓舞的和促进发展的作用,但是它更促进了工人的发展。工人们开始感觉到自己是一个整体,是一个阶级;他们已经意识到,他们分散时虽然是软弱的,但联合在一起就是一种力量。这促进了他们和资产阶级的分离,促进了工人所特有的、也是在他们的生活条件下所应该有的那些见解和思想的形成,他们意识到了自己的受压迫的地位,他们开始在社会上和政治上发生影响和作用。大城市是工人运动的发源地:在这里,工人第一次开始考虑到自己的状况并为改变这种状况而斗争;在这里,第一次出现了无产阶级和资产阶级利益的对立;在这里,产生了工会、宪章主义和社会主义。社会机体的病患,在农村中是慢性的,而在大城市中就变成急性的了,从而使人们发现了这种病的真实本质和治疗方法。如果没有大城市,没有它们推动社会意识的发展,工人绝不会像现在进步得这样快。此外,大城市清除了工人和雇主之间的宗法关系的最后残迹,在这方面,大工业也助了一臂之力,因为它使依附于一个资产者的工人的数目大为增加了。

《马克思恩格斯全集》第2卷,人民出版社1957年版,第407—408页

对去的工人起义的形式都是与劳动发展的每一个阶段以及由此决定的所有制形式联系在一起的;直接或间接的共产主义起义则是与大工业联系在一起的。

《马克思恩格斯全集》第3卷,人民出版社1960年版,第242页

大工业把大批互不相识的人们聚集在一个地方。竞争使他们的利益分裂。但是维护工资这一对付老板的共同利益,使他们在一个共同的思想

(反抗、组织**同盟**)下联合起来。因此,同盟总是具有双重目的:消灭工人之间的竞争,以便同心协力地同资本家竞争。反抗的最初目的只是为了维护工资,后来,随着资本家为了压制工人而逐渐联合起来,原来孤立的同盟就组成为集团,而且在经常联合的资本面前,对于工人来说,维护自己的联盟,就比维护工资更为重要。下面这个事实就确切地说明了这一点:使英国经济学家异常吃惊的是,工人们献出相当大一部分工资支援经济学家认为只是为了工资而建立的联盟。在这一斗争(真正的内战)中,未来战斗的一切必要的要素在聚集和发展着。一旦达到这一点,联盟就具有政治性质。

《马克思恩格斯文集》第 1 卷,人民出版社 2009 年版,第 653—654 页

被压迫阶级的存在就是每一个以阶级对抗为基础的社会的必要条件。因此,被压迫阶级的解放必然意味着新社会的建立。要使被压迫阶级能够解放自己,就必须使既得的生产力和现存的社会关系不再能够继续并存。在一切生产工具中,最强大的一种生产力是革命阶级本身。革命因素之组成为阶级,是以旧社会的怀抱中所能产生的全部生产力的存在为前提的。

《马克思恩格斯文集》第 1 卷,人民出版社 2009 年版,第 655 页

资产阶级生存和统治的根本条件,是财富在私人手里的积累,是资本的形成和增殖;资本的生存条件是雇佣劳动。雇佣劳动完全是建立在工人的自相竞争之上的。资产阶级无意中造成而又无力抵抗的工业进步,使工人通过结社而达到的革命联合代替了他们由于竞争而造成的分散状态。于是,随着大工业的发展,资产阶级赖以生产和占有产品的基础本身也就从它的脚下被挖掉了。它首先生产的是它自身的掘墓人。资产阶级的灭亡和无产阶级的胜利是同样不可避免的。

《马克思恩格斯文集》第 2 卷,人民出版社 2009 年版,第 43 页

没有共同的利益,也就不会有统一的目的,更谈不上统一的行动了。

《马克思恩格斯文集》第2卷,人民出版社2009年版,第359页

……至于讲到我,无论是发现现代社会中有阶级存在或发现各阶级间的斗争,都不是我的功劳。在我以前很久,资产阶级历史编纂学家就已叙述过阶级斗争的历史发展,资产阶级的经济学家也已经对各个阶级作过经济上的分析。我所加上的新内容就是证明了下列几点:(1)**阶级的存在**仅仅同**生产发展的一定历史阶段**相联系;(2)阶级斗争必然要导致**无产阶级专政**;(3)这个专政不过是达到**消灭一切阶级**和进入**无阶级社会**的过渡……

《马克思恩格斯文集》第10卷,人民出版社2009年版,第106页

大工业是向社会主义过渡的基础,而从生产力状况来看,即按整个社会发展的主要标准来看,又是社会主义经济组织的基础,它把先进的产业工人联合起来,把实现无产阶级专政的阶级联合起来。

《列宁全集》第41卷,人民出版社2017年版,第72页

社会主义的伟大奠基人马克思和恩格斯,在几十年中考察了工人运动的发展和世界社会主义革命的成长,清楚地看到:从资本主义过渡到社会主义,需要经过长久的阵痛,经过长时期的无产阶级专政,摧毁一切旧东西,无情地消灭资本主义的各种形式,需要有全世界工人的合作,全世界的工人则应当联合自己的一切力量来保证彻底的胜利。

《列宁全集》第33卷,人民出版社2017年版,第278页

为了反抗整个资本家阶级,单靠单个工厂工人的联合、甚至单个工业部

门工人的联合是不够的,**整个工人阶级**的共同行动就成为绝对必要的了。这样,工人的零星发动就发展成为整个工人阶级的斗争。工人跟厂主的斗争就变成了**阶级斗争**。所有的厂主被一种共同的利益联合起来:使工人处于从属地位,付给他们尽可能低的工资。厂主认识到,要维护自己的事业,只有整个厂主阶级采取共同行动,只有取得对国家政权的影响。工人同样也被一种共同的利益联系起来:不让资本置自己于死地,捍卫自己的生存权利和过人的生活的权利。工人同样也认识到,他们也需要整个阶级(工人阶级)联合起来,采取共同行动,为此就必须争取到对国家政权的影响。

《列宁全集》第 2 卷,人民出版社
2017 年版,第 77—78 页

只有当全国整个工人阶级的一切先进人物都意识到自己是属于一个统一的工人阶级,并且开始同**整个**资本家**阶级**和维护这个阶级的政府进行斗争,而不是同个别厂主进行斗争的时候,工人的斗争才是阶级斗争。只有当个别的工人意识到自己是整个工人阶级的一员,认识到他每天同个别厂主和个别官吏进行小的斗争就是在反对整个资产阶级和整个政府的时候,他们的斗争才是阶级斗争。

《列宁全集》第 4 卷,人民出版社
2017 年版,第 165 页

革命不应当是新的阶级利用**旧**的国家机器来指挥、管理,而应当是新的阶级**打碎**这个机器,利用**新的**机器来指挥、管理,——这就是考茨基所抹杀或者完全不理解的马克思主义的**基本**思想。

《列宁全集》第 31 卷,人民出版社
2017 年版,第 110 页

革命就是无产阶级**破坏**“管理机构”和**整个**国家机构,用武装工人组成的新机构来代替它。

《列宁全集》第31卷,人民出版社
2017年版,第110页

现在无疑出现了一种均势,这是为了维护各自的领导阶级的统治而手执武器公开进行斗争的力量之间的均势,是资产阶级社会即整个国际资产阶级与苏维埃俄国之间的均势。当然,所谓均势,也只是从一定的意义上说的。我认为,仅仅是在军事斗争方面国际形势中出现了某种均势。当然,必须强调指出,这里所说的只是一种相对的均势,一种极不稳定的均势。资本主义国家也和那些到目前为止都被看作历史的客体而不是历史的主体的殖民地和半殖民地国家一样,积聚了很多易燃物。因此在这些国家里迟早会突然发生暴动、大的战斗和革命。这是完全可能的。近几年来,我们看到国际资产阶级直接同第一个无产阶级共和国进行斗争。这场斗争曾经是整个世界政治局势的焦点,而现在正是在这方面发生了变化。由于国际资产阶级扼杀我们共和国的企图未能得逞,目前出现了一种均势,自然,这是一种极不稳定的均势。

《列宁全集》第42卷,人民出版社
2017年版,第38—39页

封锁我们的那些国家的经济状况很脆弱。有一种力量胜过任何一个跟我们敌对的政府或阶级的愿望、意志和决定,这种力量就是世界共同的经济关系。

《列宁全集》第42卷,人民出版社
2017年版,第332页

(七)民族不是普通的历史范畴,而是一定时代即资本主义上升时代的历史范畴。民族是一个共同体

无产阶级宣告**迄今为止的世界制度的解体**,只不过是揭示**自己本身的**

存在的秘密,因为它就**是**这个世界制度的**实际**解体。无产阶级要求**否定私有财产**,只不过是把社会已经提升为**无产阶级**的原则的东西,把未经无产阶级的协助就已作为社会的否定结果而体现**在它的身上**的东西提升为**社会的原则**。

《马克思恩格斯文集》第1卷,人民出版社2009年版,第17页

要使各民族真正团结起来,他们就必须有共同的利益。要使他们的利益能一致,就必须消灭现存的所有制关系,因为现存的所有制关系是造成一些民族剥削另一些民族的原因;对消灭现存的所有制关系关心的只有工人阶级。只有工人阶级能做到这一点。无产阶级对资产阶级的胜利也就是克服了一切民族间和工业中的冲突,这些冲突在目前正是引起民族互相敌视的原因。因此,无产阶级对资产阶级的胜利同时就是一切被压迫民族获得解放的信号。

《马克思恩格斯选集》第1卷,人民出版社1972年版,第287—288页

人对人的剥削一消灭,民族对民族的剥削就会随之消灭。

民族内部的阶级对立一消失,民族之间的敌对关系就会随之消失。

《马克思恩格斯文集》第3卷,人民出版社2009年版,第50页

我们把经济条件看做归根到底制约着历史的发展。而种族本身就是一种经济因素。

《马克思恩格斯文集》第10卷,人民出版社2009年版,第668页

（八）党是一个本身具有特殊生活的机体，要是这个党不学会把领袖和阶级、领袖和群众结成一个整体，它便不配拥有这种称号

在实践方面，共产党人是各国工人政党中最坚决的、始终起推动作用的部分；在理论方面，他们胜过其余无产阶级群众的地方在于他们了解无产阶级运动的条件、进程和一般结果。

……

共产党人的理论原理，决不是以这个或那个世界改革家所发明或发现的思想、原则为根据的。

这些原理不过是现存的阶级斗争、我们眼前的历史运动的真实关系的一般表述。废除先前存在的所有制关系，并不是共产主义所独具的特征。

《马克思恩格斯文集》第2卷，人民出版社2009年版，第44—45页

在党纲问题上和在策略问题上的一致是保证党内团结，保证党的工作集中化的必要条件，但只有这个条件还是不够的（天啊！在今天一切概念都弄得混淆不清的时候，一个多么浅显的道理也要人翻来覆去地讲！）。为了保证党内团结，为了保证党的工作集中化，还需要有组织上的统一，而这种统一在一个已经多少超出了家庭式小组范围的党里面，如果没有正式规定的党章，没有少数服从多数，没有部分服从整体，那是不可想象的。

《列宁全集》第8卷，人民出版社2017年版，第387页

只有当**本**国的历史向无产阶级揭示了作为一个阶级、作为一个政治整体的资产阶级的**整个面貌**，揭示了作为一个阶层、作为在某些公开的广泛政治活动中有所表现的一定的思想和政治力量的小市民的整个面貌，无产阶级才能真正地、最终地、广泛地成为一个独立的阶级，同所有资产阶级政党相抗衡。我们应该不倦地向无产阶级阐明资本主义社会中资产阶级和小资产阶级的阶级利益的实质这些理论上的道理。但是真正广大的无产阶级群

众要深刻领会这些道理,只有使他们看到并体会到某些阶级政党的所作所为,也就是说,无产阶级除了对这些政党的阶级本性有清楚的认识,还要对资产阶级政党的全部面貌有直接的感受。

《列宁全集》第16卷,人民出版社
2017年版,第60页

一个政党如果没有纲领,就不可能成为政治上比较完整的、能够在事态发生任何转折时始终坚持自己路线的有机体。

《列宁全集》第20卷,人民出版社
2017年版,第357页

马克思是严格根据他的辩证唯物主义世界观的一切前提确定无产阶级策略的基本任务的。先进阶级只有客观地考虑到某个社会中一切阶级相互关系的全部总和,因而也考虑到该社会发展的客观阶段,考虑到该社会和其他社会之间的相互关系,才能据以制定正确的策略。

《列宁全集》第26卷,人民出版社
2017年版,第77—78页

要是这个党不学会把领袖和阶级、领袖和群众结成一个整体,结成一个不可分离的整体,它便不配拥有这种称号……

《列宁全集》第39卷,人民出版社
2017年版,第30页

在人民群众中,我们毕竟是沧海一粟,只有我们正确地表达人民的想法,我们才能管理。否则共产党就不能率领无产阶级,而无产阶级就不能率领群众,整个机器就要散架。

《列宁全集》第43卷,人民出版社
2017年版,第109页

由于国际交换和为世界市场的生产的发展在文明世界各国间建立了密切的联系，以致现代的工人运动一定会成为而且早已成为国际的运动。因此，俄国社会民主党把自己看做是世界无产阶级大军中的一支队伍，看做是**国际社会民主党的一部分**。

《列宁全集》第1卷，人民出版社
1959年版，第73页

第六章　社会是人同自然界本质统一的系统存在

一、导　语

在科学理性与哲学理性发展的时代高度上，马克思和恩格斯辩证地指出，人类社会是人同自然界的完成了的本质的统是一个自然的历史过程，因此，它表现为一个具有丰富内在结构的、客观的系统存在。这一点，在马克思主义的社会历史观中，构成了整体的系统观念、系统考察及系统分析的前提和基础。

首先，马克思主义之所以认为社会是人同自然界本质统一的系统存在，其本体论基础就在于，作为社会历史发展主体的“人直接地是自然存在物。作为自然存在物，而且是有生命的自然存在物”。因为，人作为具有血肉之躯的主体，是自然界的一种物质、能量、信息的延伸，是自然系统发展中自然而又必然地出现的一个新质阶段。所以，人首先是自然存在物，具有自然的属性。

1. 人的自然属性的系统性表现在，人不是栖息在自然界之外，更不是凌架于自然界之上的存在，而是属于整个自然系统中的一个具有特殊规定性的层次结构要素；而且，只有在这个系统中，它才能找到自身恰当的时间、空间和生存发展的地位。一方面，自然界的长期发展产生了人的肉体组织和器官，形成了具有生命力和自然力的自然机体。这是人获得主体地位的物质基础。所以，马克思指出：“任何人类历史的第一个前提无疑是有生命的个人的存在。”另一方面，自然界为人提供了生存的环境系统，使人能够在这个系统中进行充分的物质、能量、信息的交换，使其成为自身生命和力量的源泉

2. 人的自然属性的一个重要的系统特征表现在，人作为自然系统的组成要素，是有形的、感性的客观存在物，具有客观实在性，因此，它永远不能完全摆脱外部自然和自身自然的制约。在这个意义上，人作为自在的存在，在自然系统中是“受动的、受限制的和受制约的存在物。”所以，人对于自然规律的“蔑视”，最终必然要受到相应自然规律的“惩罚”。

3. 人的自然属性的系统本质在于，人具有能动的自然需要，是自然系统中的一个能动的要素。人必须与自然的环境系统进行不断的物质、能量、信息的循环，使自身处于一个动态的“耗散结构”之中，才能维持其存在的必要条件。而人的生活资料只是在极其有限的范围内直接取自自在的自然物，而大量的要靠对自然物的改造和能动的索取。正是这种需要，推动和促进了人对自然界的活动，成为人的活动的动力。恰如马克思说的：“第一个历史活动就是生产满足这些需要的资料，即生产物质生活本身。”正是这种改造自然环境的现实可能性和内在动力，使人成为“能动的自然存在物”，并在遵循自然规律的基础上“统治”了自然界。

其次，马克思主义之所以认为社会是人同自然本质统一的系统存在，其对象性的基础就在于，在整个自然系统中，人作为一个能动的自然存在物，必然存在着它所能动地活动于其中并有目的地进行改造的“对象世界”。正象人是一个动态的系统整体一样，人的对象世界也是一个动态的系统整体，并且随着主体的进化、主体能力的增长而不断地扩张其系统和系统结构。正象马克思深刻地表明的那样：“对象如何对他说来成为他的对象，这取决于对象的性质以及与之相应的本质力量的性质”，“我的对象只能是我的一种本质力量的确证”。因此，人的对象世界也是一个系统的历史概念。正是在人与其对象世界的对立统一中，社会才作为人与自然本质统一的系统存在而活生生地获得了实现。具体地讲，在人与自然的历史统一过程中，人的对象世界系统具有如下若干结构类型：

其一,自在的自然。它包括微观世界的分子、原子、基本粒子……,宏观世界的一切物体、事物和现象,宇宙世界的太阳系、银河系、星系团、总星系……,所有人类可观察和不可观察范围内的物质对象,均构成了自在的自然的结构内容。

其二,人化的自然。在人的能动的活动影响下,自在自然的基础物质要素之间的结构发生了变化,因而产生了新质的自然系统均属于人化的自然。人化的自然作为人的"感性世界决不是某种开天辟地以来就已存在的、始终如一的东西,而是工业和社会状况的产物,是历史的产物,是世世代代活动的结果。"人化自然的本质就在于,人的对象化的本质力量以感性的、异己的、有用的对象的形式,以异化的形式呈现在我们面前,被打上了人的烙印,失去了它自然自在的纯粹性。

其三,人类的自然。人类自然就是指主体以外的他人及活动,或者说就是人和人的活动。人作为自然界进化的最高产物,是自然界的一部分,因此,"人的第一个对象—人—就是自然性、感性。""人是作为自然的、肉体的、感性的、对象性的存在物……。"人类自然的系统本质就在于,它是人的现实活动的主客体的结构统一,是这种两重性的系统一致。

其四,社会的自然。社会自然就是作为自然历史进程的社会客体,是"人们交互作用的产物",是以共同的物质生产活动为基础而相互联系着的人的总体。它是"物"(人)的客观实在性、"物"的关系的客观实在性、"物"的"交互作用"的客观实在性的系统集合。它的本质就在于,它虽包含人化自然、人工自然和人类自然的要素在内,但又具有着完全不同的系统性质,具有着它特殊的系统规定性、结构性和规律性。

再次,马克思主义之所以认为社会是人同自然本质统一的系统存在,其相关性的基础就在于,人同时又是社会存在物,具有整体的社会性。这就是说,人不仅仅是"自然存在物",而且是"类的存在物"。社会的性质是"整个人类活动的一般性质;正象社会本身生产作为人的人一样,人也生产社会。"所以,"只有在社会中,自然界才是人自己的人的存在的基础。只有在社会中,人的自然存在对他说来才是他的人的存在,而自然对他说来才是人。”总之，只有在整体的社会关系中，人的价值才能完全系统地获得真正的实现。人的社会性主要表现在于：

第一，相关性。人的社会性及其本质是在劳动的基础上产生的。在劳动中，人与人之间发生确定的相互联系，从而赋予人区别于其自然属性的种种社会属性。在这个意义上，他是通过与他人的相互关系而成为人的。人作为能创造、思维、审美而有别于其它动物的特定存在，在自己的全部人的生活表现中，都是社会及其历史发展的产物。所以，马克思把人定义为“一切社会关系的总和。”

第二，能动性。这种能动性就表现在，人在改变外部世界的同时，也改变着自己的本性。所以，人的能动性就在于人是自己的本质的创造者。因为，正是在人的创造性的方式中，人的自我活动和自我肯定获得了实现。正是在这个意义上，马克思主义既把人理解为社会历史的产物，同时又理解为社会历史的主体，是二者的辩证统一。

第三，整体性。人是一种具有多层次和多方面属性的系统整体，孤立地抽取其中任何个别属性都不能反映出人的本质和人的结构深度。所以，必须对人的社会性作出系统的整体理解，把人理解为在自身中综合了其可能性、关系的全部多样性和丰富性的特定具体历史的整体，只有这样，才能合理地确定人在社会中的逻辑地位和历史地位。人的社会整体性表明，全面发展的理想的人格正是以人的社会本质作为依据的。

第四，开放性。由于人、人的对象世界以及人类社会本身的不断发展，人的社会本质也从来没有被最终地建立和完成，它处在不断形成的过程之中。这种开放性是人的社会系统性的动态表现，它是使人的社会性所包含的全部可能性和丰富性获得实现的根本条件，是人类及其社会由低级不断走向高级的不可或缺的系统特征。

最后，马克思主义之所以认为社会是人同自然本质统一的系统存在，其根本的手段和途径就在于人类实践活动的系统性，实践是人与自然辩证统一的桥梁和中介，在生产、科学和社会的实践过程中，人的自然化和自然的人化、人的社会化和社会的人化、科学技术的社会化和社会的科学技术化、历史的进步和进步的历史，才获得了真正的统一。随着当代科学技术的发展，人类的实践活动发生了巨大的变革，越来越系统化了，从而强化了社会作为人同自然本质统一的系统存在性。这就在于：

1. 实践目的的系统化。由于控制论和系统论在相对论和量子力学之后，又一次改变了世界的科学图景和当代的思维方法，人类实践活动的目的性愈来愈具有明显的精确性和系统性，人们从实践实践的单一中心观点和简单系统观点，转向了对实践活动的完整理论反映的元系统观点，即在理论思维中把实践过程、方式及其内在结构的全部丰富性和多样性再现出来，从而揭示了实践活动的结构系统性，使人类的实践活动更充分地体现和完成人的目的性。

2. 实践手段的自控化。实践手段是表达和实现人类意志的物质客体，它如何接受人的控制和表达人的意志，是实践发展水平的重要标志。它从人类肢体的直接控制发展到机械的间接控制，而又发展到电子自动控制，发生了本质的变化，使实践手段成为一个整体的自控系统。这不仅仅大大改变了人的生存环境，而且使人类实践活动扩大到更广阔的系统领域。

3. 实践信息传输的系统化。在人类实践活动中所发生的一切信息的输出、接受、传递、存储、译制、合成与反馈，是实践结构中各个要素之间内在联结的一个不可缺少的部分或环节，同样决定着人类实践的深度、广度和速度。实践信息传输的系统化，尤其是电子计算机、卫星通信、信息工程的利用和发展，使人们的实践在信息处理、信息比较、信息的反馈调节等方面，促进了实践过程中能够更好地选择最优化的方法、手段和程序，从而提高了实践的可行性和系统性。

4. 实践过程更大规模的社会化。为了适应人类认识和改造世界的实践活动在深度和广度上高速发展的要求，迫使各个不同的专业领域、不同的部门、不同的地区、甚至不同的国家，在促进人类文明发展的一切方面相互交流、相互协调、相互合作，更快更高水平地创造出新的成果，使实践的社会化程度在更大规模的基础上系统地表现出来。从而，各种实践和各个具体实践的过程,逐渐地失去了自身相对独立发展的可能,它们的相互依赖性已成为普遍的和必需的,固步自封、闭关锁国的状态已被历史地抛弃。

5. 实践形式的综合化。人类实践活动的各种生产的、科学的、技术的、社会的形式,是相互联系、相互制约、差异协同的。由于实践活动的发展,各种形式之间的相互渗透、相互交织、相互结合的综合化趋向,就越来越突出和明显。在社会生活中日益渗入了科学的和生产的内容;生产结构中含有科学实验,科学实验中又含有生产;生产精神产品的知识部门与生产物质产品的工农业企业融为一体等等。这些形式之间的相互联结和统一,使实践活动逐渐失去了它单纯的性质,形成了愈来愈复杂的大系统。

总而言之,在理解社会是人同自然的本质统一的系统存在这一问题上,让我们铭记马克思的这一名言:“社会是人同自然的完成了的本质的统一,是自然界的真正复活,是人的实现了的自然主义和自然界的实现了的人道主义。”(《马克思恩格斯全集》第42卷,第122页)

二、摘 编

(一)人作为自然存在物,是能动的自然存在物;又是受动的、受制约的和受限制的存在物

土地无人施肥就会荒芜,成为不毛之地,而人的活动的首要条件恰恰是土地。

《马克思恩格斯文集》第1卷,人民出版社2009年版,第72页

全部人类历史的第一个前提无疑是有生命的个人的存在。因此,第一个需要确认的事实就是这些个人的肉体组织以及由此产生的个人对其他自然的关系。当然,我们在这里既不能深入研究人们自身的生理特性,也不能

深入研究人们所处的各种自然条件——地质条件、山岳水文地理条件、气候条件以及其他条件。任何历史记载都应当从这些自然基础以及它们在历史进程中由于人们的活动而发生的变更出发。

《马克思恩格斯文集》第1卷，人民出版社2009年版，第519页

可以根据意识、宗教或随便别的什么来区别人和动物。一当开始**生产**自己的生活资料，即迈出由他们的肉体组织所决定的这一步的时候，人本身就开始把自己和动物区别开来。人们生产自己的生活资料，同时间接地生产着自己的物质生活本身。

《马克思恩格斯文集》第1卷，人民出版社2009年版，第519页

最后，一旦温度降低到至少在相当大的一部分地面上不再超过能使蛋白质生存的限度，那么在具备其他适当的化学的先决条件的情况下，就形成了活的原生质。这些先决条件是什么，今天我们还不知道，这是不足为怪的，因为直到现在连蛋白质的化学式都还没有确定下来，我们甚至还不知道化学上不同的蛋白体究竟有多少，而且只是在大约十年前才认识到，完全无结构的蛋白质执行着生命的一切主要机能：消化、排泄、运动、收缩、对刺激的反应、繁殖。

也许经过了多少万年，才形成了进一步发展的条件，这种没有形态的蛋白质由于形成核和膜而得以产生第一个细胞。而随着这第一个细胞的产生，也就有了整个有机界的形态发展的基础；我们根据古生物学档案的完整类比材料可以假定，最初发展出来的是无数种无细胞的和有细胞的原生生物，其中只有加拿大假原生物留传了下来；在这些原生生物中，有一些逐渐分化为最初的植物，另一些则分化为最初的动物。从最初的动物中，主要由于进一步的分化而发展出了动物的无数的纲、目、科、属、种，最后发展出神经系统获得最充分发展的那种形态，即脊椎动物的形态，而在这些脊椎动物

中,最后又发展出这样一种脊椎动物,在它身上自然界获得了自我意识,这就是人。

《马克思恩格斯文集》第9卷,人民出版社2009年版,第420—421页

只有当实际日常生活的关系,在人们面前表现为人与人之间和人与自然之间极明白而合理的关系的时候,现实世界的宗教反映才会消失。只有当社会生活过程即物质生产过程的形态,作为自由联合的人的产物,处于人的有意识有计划的控制之下的时候,它才会把自己的神秘的纱幕揭掉。但是,这需要有一定的社会物质基础或一系列物质生存条件,而这些条件本身又是长期的、痛苦的发展史的自然产物。

《马克思恩格斯文集》第5卷,人民出版社2009年版,第97页

没有自然界,没有感性的外部世界,工人什么也不能创造。自然界是工人的劳动得以实现、工人的劳动在其中活动、工人的劳动从中生产出和借以生产出自己的产品的材料。

但是,自然界一方面在这样的意义上给劳动提供生活资料,即没有劳动加工的对象,劳动就不能存在,另一方面,也在更狭隘的意义上提供生活资料,即维持工人本身的肉体生存的手段。

《马克思恩格斯文集》第1卷,人民出版社2009年版,第158页

人直接地是**自然存在物**。人作为自然存在物,而且作为有生命的自然存在物,一方面具有**自然力**、**生命力**,是**能动的**自然存在物;这些力量作为天赋和才能、作为**欲望**存在于人身上;另一方面,人作为自然的、肉体的、感性的、对象性的存在物,同动植物一样,是**受动的**、受制约的和受限制的存在物,就是说,他的欲望的**对象**是作为不依赖于他的**对象**而存在于他之外的;

但是，这些对象是他的**需要**的**对象**；是表现和确证他的本质力量所不可缺少的、重要的**对象**。说人是**肉体的**、有自然力的、有生命的、现实的、感性的、对象性的存在物，这就等于说，人有**现实的**、**感性的对象**作为自己本质的即自己生命表现的对象；或者说，人只有凭借现实的、感性的对象才能**表现**自己的生命。说一个东西**是**对象性的、自然的、感性的，又说，在这个东西自身之外有对象、自然界、感觉；或者说，它本身对于第三者说来是对象、自然界、感觉，这都是同一个意思。**饥饿**是自然的**需要**；因此，为了使自身得到满足、使自身解除饥饿，它需要自身之外的**自然界**、自身之外的对象。饥饿是我的身体对某一**对象**的公认的需要，这个对象存在于我的身体之外，是使我的身体得以充实并本质得以表现所不可缺少的。太阳是植物的**对象**，是植物所不可缺少的、确证它的生命的对象，正像植物是太阳的对象，是太阳的唤醒生命的力量的**表现**，是太阳的**对象性的**本质力量的**表现**一样。

《马克思恩格斯文集》第 1 卷，人民出版社 2009 年版，第 209—210 页

土地是一个大实验场，是一个武库，既提供劳动资料，又提供劳动材料，还提供共同体居住的地方，即共同体的**基础**。人类素朴天真地把土地当做**共同体的财产**，而且是在活劳动中生产并再生产自身的共同体的**财产**。每一个单个的人，只有作为这个共同体的一个肢体，作为这个共同体的成员，才能把自己看成**所有者**或**占有者**。

《马克思恩格斯文集》第 8 卷，人民出版社 2009 年版，第 124 页

土地本身，无论它的耕作、它的实际占有会有多大障碍，也并不妨碍把它当做活的个体的无机自然，当做他的工作场所，当做主体的劳动资料、劳动对象和生活资料。

《马克思恩格斯文集》第 8 卷，人民出版社 2009 年版，第 126 页

生产的原始条件表现为自然前提,即**生产者的自然生存条件**,正如他的活的躯体一样,尽管他再生产并发展这种躯体,但最初不是由他本身创造的,而是他本身的**前提**;他本身的存在(肉体存在),是一种并非由他创造的自然前提。被他当做属于他所有的无机体来看待的这些**自然生存条件**,本身具有双重的性质:(1)是主体的自然,(2)是客体的自然。

《马克思恩格斯文集》第8卷,人民出版社2009年版,第139—140页

人把他的生产的自然条件看作是属于他的、看作是自己的、看作是**与他自身的存在一起产生的前提**;把它们看作是他本身的**自然前提**,这种前提可以说仅仅是他身体的延伸。其实,人不是同自己的生产条件发生关系,而是人双重地存在着:从主体上作为他自身而存在着,从客体上又存在于自己生存的这些自然无机条件之中。

《马克思恩格斯文集》第8卷,人民出版社2009年版,第142页

(二)社会是人同自然界的完成了的本质的统一

有一种唯物主义学说,认为人是环境和教育的产物,因而认为改变了的人是另一种环境和改变了的教育的产物,——这种学说忘记了:环境正是由人来改变的,而教育者本人一定是受教育的。因此,这种学说必然会把社会分成两部分,其中一部分凌驾于社会之上。(例如,在罗伯特·欧文那里就是如此。)

环境的改变和人的活动的一致,只能被看作是并合理地理解为**变革的实践**。

《马克思恩格斯文集》第1卷,人民出版社2009年版,第504页

社会生活在本质上是**实践的**。凡是把理论诱入神秘主义的神秘东西,

都能在人的实践中以及对这种实践的理解中得到合理的解决。

《马克思恩格斯文集》第1卷，人民出版社2009年版，第505—506页

人们在生产中不仅仅影响自然界，而且也互相影响。他们只有以一定的方式共同活动和互相交换其活动，才能进行生产。为了进行生产，人们相互之间便发生一定的联系和关系；只有在这些社会联系和社会关系的范围内，才会有他们对自然界的影响，才会有生产。

《马克思恩格斯文集》第1卷，人民出版社2009年版，第724页

正如我们已经指出的，动物通过它们的活动同样也改变外部自然界，虽然在程度上不如人。我们也看到：动物对环境的这些改变又反过来作用于改变环境的动物，使它们发生变化。因为在自然界中任何事物都不是孤立发生的。每个事物都作用于别的事物，反之亦然，而且在大多数场合下，正是忘记这种多方面的运动和相互作用，才妨碍我们的自然科学家看清最简单的事物。我们已经看到：山羊怎样阻碍了希腊森林的恢复；在圣赫勒拿岛，第一批扬帆过海者带到岛上来的山羊和猪，把岛上原有的一切植物几乎全部消灭光，因而为后来的水手和移民所引进的植物的繁殖准备了土地。但是，如果说动物对周围环境发生持久的影响，那么，这是无意的，而且对于这些动物本身来说是某种偶然的事情。而人离开动物越远，他们对自然界的影响就越带有经过事先思考的、有计划的、以事先知道的一定目标为取向的行为的特征。动物在消灭某一地带的植物时，并不明白它们是在干什么。人消灭植物，是为了腾出土地播种五谷，或者种植树木和葡萄，他们知道这样可以得到多倍的收获。

《马克思恩格斯文集》第9卷，人民出版社2009年版，第558页

我们不要过分陶醉于我们人类对自然界的胜利。对于每一次这样的胜利，自然界都对我们进行报复。每一次胜利，起初确实取得了我们预期的结果，但是往后和再往后却发生完全不同的、出乎预料的影响，常常把最初的结果又消除了。美索不达米亚、希腊、小亚细亚以及其他各地的居民，为了得到耕地，毁灭了森林，但是他们做梦也想不到，这些地方今天竟因此而成为不毛之地，因为他们使这些地方失去了森林，也就失去了水分的积聚中心和贮藏库。阿尔卑斯山的意大利人，当他们在山南坡把那些在山北坡得到精心保护的枞树林砍光用尽时，没有预料到，这样一来，他们就把本地区的高山畜牧业的根基毁掉了；他们更没有预料到，他们这样做，竟使山泉在一年中的大部分时间内枯竭了，同时在雨季又使更加凶猛的洪水倾泻到平原上。在欧洲推广马铃薯的人，并不知道他们在推广这种含粉块茎的同时也使瘰疬症传播开来了。因此我们每走一步都要记住：我们决不像征服者统治异族人那样支配自然界，决不像站在自然界之外的人似的去支配自然界——相反，我们连同我们的肉、血和头脑都是属于自然界和存在于自然界之中的；我们对自然界的整个支配作用，就在于我们比其他一切生物强，能够认识和正确运用自然规律。

《马克思恩格斯文集》第 9 卷，人民出版社 2009 年版，第 559—560 页

自然科学和哲学一样，直到今天还全然忽视人的活动对人的思维的影响；它们在一方面只知道自然界，在另一方面又只知道思想。但是，人的思维的最本质的和最切近的基础，正是人所引起的自然界的变化，而不仅仅是自然界本身；人在怎样的程度上学会改变自然界，人的智力就在怎样的程度上发展起来。

《马克思恩格斯文集》第 9 卷，人民出版社 2009 年版，第 483 页

现在整个自然界也融解在历史中了,而历史和自然史所以不同,仅仅在于前者是**有自我意识**的机体的发展过程。

《马克思恩格斯文集》第9卷,人民出版社2009年版,第501页

大自然是宏伟壮观的,为了从历史的运动中脱身休息一下,我总是满心爱慕地奔向大自然。但是我觉得,历史比起大自然来甚至更加宏伟壮观。自然界用了亿万年的时间才产生了具有意识的生物,而现在这些具有意识的生物只用几千年的时间就能够有意识地组织共同的活动:不仅意识到自己作为个体的行动,而且也意识到自己作为群众的行动,共同活动,一起去争取实现预定的共同目标。现在我们已经差不多达到这样的程度了。观察这个过程,眼看我们星球的历史上还没有过的情况日益临近实现,对我说来,这是值得认真观察的景象,而且我过去的全部经历也使我不能把视线从这里移开。但这是使人疲劳的,尤其是当你觉得负有使命促进这一过程的时候。在这种情况下,去研究大自然就是大大的休息和松快。归根到底,自然和历史——这是我们在其中生存、活动并表现自己的那个环境的两个组成部分。

《马克思恩格斯全集》第39卷,人民出版社1974年版,第63—64页

动物和自己的生命活动是直接同一的。动物不把自己同自己的生命活动区别开来。它就是**自己的生命活动**。人则使自己的生命活动本身变成自己的意志和自己意识的对象。他具有有意识的生命活动。这不是人与之直接融为一体的那种规定性。有意识的生命活动把人同动物的生命活动直接区别开来。正是由于这一点,人才是类存在物。

《马克思恩格斯文集》第1卷,人民出版社2009年版,第162页

通过实践创造**对象世界**,**改造**无机界,人证明自己是有意识的类存在物,就是说是这样一种存在物,它把类看作自己的本质,或者说把自身看作类存在物。诚然,动物也生产。动物为自己营造巢穴或住所,如蜜蜂、海狸、蚂蚁等。但是,动物只生产它自己或它的幼仔所直接需要的东西;动物的生产是片面的,而人的生产是全面的;动物只是在直接的肉体需要的支配下生产,而人甚至不受肉体需要的影响也进行生产,并且只有不受这种需要的影响时才进行真正的生产;动物只生产自身,而人再生产整个自然界;动物的产品直接属于它的肉体,而人则自由地面对自己的产品。

《马克思恩格斯文集》第1卷,人民出版社2009年版,第162—163页

……,正是在改造对象世界的过程中,人才真正地证明自己是**类存在物**。这种生产是人的能动的类生活。通过这种生产,自然界才表现为他的作品和他的现实。因此,劳动的对象是**人的类生活**的**对象化**:人不仅像在意识中那样在精神上使自己二重化,而且能动地、现实地使自己二重化,从而在他所创造的世界中直观自身。

《马克思恩格斯文集》第1卷,人民出版社2009年版,第163页

社会性质是整个运动的普遍性质;正像社会本身生产作为人的人一样,社会也是由人生产的。活动和享受,无论就其内容或就其存在方式来说,都是社会的活动和社会的享受。自然界的人的本质只有对社会的人来说才是存在的;因为只有在社会中,自然界对人来说才是人与人联系的纽带,才是他为别人的存在和别人为他的存在,只有在社会中,自然界才是人自己的合乎人性的存在的基础,才是人的现实的生活要素。只有在社会中,人的自然的存在对他来说才是人的合乎人性的存在,并且自然界对他来说才成为人。因此,社会是人同自然界的完成了的本质的统一,是自然界的真正复活,是

人的实现了的自然主义和自然界的实现了的人道主义。

《马克思恩格斯文集》第1卷,人民出版社2009年版,第187页

一个存在物如果在自身之外没有自己的自然界,就不是自然存在物,就不能参加自然界的生活。一个存在物如果在自身之外没有对象,就不是对象性的存在物。一个存在物如果本身不是第三存在物的对象,就没有任何存在物作为自己的对象,就是说,它没有对象性的关系,它的存在就不是对象性的存在非对象性的存在物是非存在物[Unwesen]。

假定一种存在物本身既不是对象,又没有对象。这样的存在物首先将是一个唯一的存在物,在它之外没有任何存在物存在,它孤零零地独自存在着。因为,只要有对象存在于我之外,只要我不是独自存在着,那么我就是和在我之外存在的对象不同的他物、另一个现实。因此,对这个第三对象来说,我是和它不同的另一个现实,也就是说,我是它的对象。这样,一个存在物如果不是另一个存在物的对象,那么就要以没有任何一个对象性的存在物存在为前提。只要我有一个对象,这个对象就以我作为对象。而非对象性的存在物是一种非现实的、非感性的、只是思想上的即只是想象出来的存在物,是抽象的东西。说一个东西是感性的即现实的,是说它是感觉的对象,是感性的对象,也就是说在自身之外有感性的对象,有自己的感性的对象。说一个东西是感性的,是说它是受动的。

因此,人作为对象性的、感性的存在物,是一个受动的存在物;因为它感到自己是受动的,所以是一个有激情的存在物。激情、热情是人强烈追求自己的对象的本质力量。

但是,人不仅仅是自然存在物,而且是人的自然存在物,就是说,是自为地存在着的存在物,因而是类存在物。他必须既在自己的存在中也在自己的知识中确证并表现自身。因此,正像人的对象不是直接呈现出来的自然对象一样,直接地存在着的、客观地存在着的人的感觉,也不是人的感性、人的对象性。自然界,无论是客观的还是主观的,都不是直接同人的存在物相

适合地存在着。

正像一切自然物必须形成一样,人也有自己的形成过程即历史,但历史对人来说是被认识到的历史,因而它作为形成过程是一种有意识地扬弃自身的形成过程。历史是人的真正的自然史。

《马克思恩格斯文集》第1卷,人民出版社2009年版,第210—211页

工业是自然界对人,因而也是自然科学对人的**现实的**历史关系。因此,如果把工业看成人的**本质力量**的**公开的**展示,那么自然界的**人的**本质,或者人的**自然的**本质,也就可以理解了;……在人类历史中即在人类社会的形成过程中生成的自然界,是人的**现实**的自然界;因此,通过工业——尽管以**异化**的形式——形成的自然界,是真正的、**人本学的**自然界。

《马克思恩格斯文集》第1卷,人民出版社2009年版,第193页

(三)劳动首先是人和自然之间的过程,是人以自身的活动来引起、调整和控制人和自然之间的物质交换的过程

劳动是生产的主要因素,是"财富的泉源",是人的自由活动,……

《马克思恩格斯全集》第1卷,人民出版社1956年版,第611页

手不仅是劳动的器官,它还是劳动的产物。只是由于劳动,由于总是要去适应新的动作,由于这样所引起的肌肉、韧带以及经过更长的时间引起的骨骼的特殊发育遗传下来,而且由于这些遗传下来的灵巧性不断以新的方式应用于新的越来越复杂的动作,人的手才达到这样高度的完善,以致像施魔法一样产生了拉斐尔的绘画、托瓦森的雕刻和帕格尼尼的音乐。

《马克思恩格斯文集》第9卷,人民出版社2009年版,第552页

劳动的发展必然促使社会成员更紧密地互相结合起来,因为劳动的发展使互相支持和共同协作的场合增多了,并且使每个人都清楚地意识到这种共同协作的好处。一句话,这些正在生成中的人,已经达到彼此间不得不说些什么的地步了。需要也就造成了自己的器官:猿类的不发达的喉头,由于音调的抑扬顿挫的不断加多,缓慢地然而肯定无疑地得到改造,而口部的器官也逐渐学会发出一个接一个的清晰的音节。

语言是从劳动中并和劳动一起产生出来的,这个解释是唯一正确的,拿动物来比较,就可以证明。

《马克思恩格斯文集》第 9 卷,人民出版社 2009 年版,第 553 页

首先是劳动,然后是语言和劳动一起,成了两个最主要的推动力,在它们的影响下,猿脑就逐渐地过渡到人脑;后者和前者虽然十分相似,但是要大得多和完善得多。随着脑的进一步的发育,脑的最密切的工具,即感觉器官,也进一步发育起来。正如语言的逐渐发展必然伴随有听觉器官的相应的完善化一样,脑的发育也总是伴随有所有感觉器官的完善化。鹰比人看得远得多,但是人的眼睛识别东西远胜于鹰。狗比人具有锐敏得多的嗅觉,但是它连被人当做各种物的特定标志的不同气味的百分之一也辨别不出来。至于触觉,在猿类中刚刚处于最原始的萌芽状态,只是由于劳动才随着人手本身而一同形成。——脑和为它服务的感官、越来越清楚的意识以及抽象能力和推理能力的发展,又反作用于劳动和语言,为这二者的进一步发展不断提供新的推动力。这种进一步的发展,并不是在人同猿最终分离时就停止了,而是在此以后大体上仍然大踏步地前进着,虽然在不同的民族和不同的时代就程度和方向来说是不同的,有时甚至由于局部的和暂时的退步而中断;由于随着完全形成的人的出现又增添了新的因素——社会,这种发展一方面便获得了强有力的推动力,另一方面又获得了更加确定的方向。

《马克思恩格斯文集》第 9 卷,人民出版社 2009 年版,第 554 页

我们把劳动力或劳动能力,理解为一个人的身体即活的人体中存在的、每当他生产某种使用价值时就运用的体力和智力的总和。

《马克思恩格斯文集》第5卷,人民出版社2009年版,第195页

劳动首先是人和自然之间的过程,是人以自身的活动来中介、调整和控制人和自然之间的物质变换的过程。人自身作为一种自然力与自然物质相对立。为了在对自身生活有用的形式上占有自然物质,人就使他身上的自然力——臂和腿、头和手运动起来。当他通过这种运动作用于他身外的自然并改变自然时,也就同时改变他自身的自然。他使自身的自然中蕴藏着的潜力发挥出来,并且使这种力的活动受他自己控制。……蜘蛛的活动与织工的活动相似,蜜蜂建筑蜂房的本领使人间的许多建筑师感到惭愧。但是,最蹩脚的建筑师从一开始就比最灵巧的蜜蜂高明的地方,是他在用蜂蜡建筑蜂房以前,已经在自己的头脑中把它建成了。劳动过程结束时得到的结果,在这个过程开始时就已经在劳动者的表象中存在着,即已经观念地存在着。他不仅使自然物发生形式变化,同时他还在自然物中实现自己的目的,这个目的是他所知道的,是作为规律决定着他的活动的方式和方法的,他必须使他的意志服从这个目的。但是这种服从不是孤立的行为。除了从事劳动的那些器官紧张之外,在整个劳动时间内还需要有作为注意力表现出来的有目的的意志,而且,劳动的内容及其方式和方法越是不能吸引劳动者,劳动者越是不能把劳动当作他自己体力和智力的活动来享受,就越需要这种意志。

《马克思恩格斯文集》第5卷,人民出版社2009年版,第207—208页

劳动过程,就我们在上面把它描述为它的简单的、抽象的要素来说,是制造使用价值的有目的的活动,是为了人类的需要而对自然物的占有,是人和自然之间的物质变换的一般条件,是人类生活的永恒的自然条件,因此,

它不以人类生活的任何形式为转移,倒不如说,它是人类生活的一切社会形式所共有。

《马克思恩格斯文集》第5卷,人民出版社2009年版,第215页

单个人如果不在自己的头脑的支配下使自己的肌肉活动起来,就不能对自然发生作用。正如在自然机体中头和手组成一体一样,劳动过程把脑力劳动和体力劳动结合在一起了。

《马克思恩格斯文集》第5卷,人民出版社2009年版,第582页

劳动,这只不过是一个抽象,就它本身来说,是根本不存在的;或者,如果我们就……[这里字迹不清]来说,只是指人借以实现人和自然之间的物质变换的人类一般的生产活动,它不仅已经摆脱一切社会形式和性质规定,而且甚至在它的单纯的自然存在上,不以社会为转移,超越一切社会之上,并且作为生命的表现和证实,是尚属非社会的人和已经有某种社会规定的人所共同具有的。

《马克思恩格斯文集》第7卷,人民出版社2009年版,第923页

正像劳动的主体是自然的个人,是自然存在一样,他的劳动的第一个客观条件表现为自然,土地,表现为他的无机体;他本身不但是有机体,而且还是这种作为主体的无机自然。

《马克思恩格斯文集》第8卷,人民出版社2009年版,第138页

既然现实劳动创造使用价值,是为了人类的需求(不管这种需要是生产的需要还是个人消费的需要)而占有自然物,那么,现实劳动是自然和人

之间的物质变换的一般条件，并且作为这种人类生活的自然条件，它同人类生活的一切特定的社会形式无关，它是所有社会形式所共有的。这也适用于一般形式的劳动过程，这种劳动过程一般只是活的劳动，并分解为劳动过程的特殊的要素，而这些要素的统一就是劳动过程本身，就是劳动通过劳动资料作用于劳动材料。因此，劳动过程本身从它的一般形式来看，还**不**具有特殊的**经济规定性**。从中显示出的不是人类在其社会生活的生产中发生的一定的历史的（社会的）生产关系，而是劳动为了作为劳动起作用在一切社会生产方式中都必须分解成的一般形式和一般要素。

《马克思恩格斯全集》第32卷，人民出版社1997年版，第69—70页

（四）在物化劳动时间的物的存在中，劳动已只是消失了的东西，只是这种物化劳动时间的自然实体的外在形式

劳动过程的简单要素是：有目的的活动或劳动本身，劳动对象和劳动资料。

《马克思恩格斯文集》第5卷，人民出版社2009年版，第208页

劳动资料是劳动者置于自己和劳动对象之间、用来把自己的活动传导到劳动对象上去的物或物的综合体。劳动者利用物的机械的、物理的和化学的属性，以便把这些物当做发挥力量的手段，依照自己的目的作用于其他的物。劳动者直接掌握的东西，不是劳动对象，而是劳动资料（这里不谈采集果实之类的现成的生活资料，在这种场合，劳动者身体的器官是唯一的劳动资料）。这样，自然物本身就成为他的活动的器官，他把这种器官加到他身体的169器官上，不顾圣经的训诫，延长了他的自然的肢体。土地是他的原始的食物仓，也是他的原始的劳动资料库。例如，他用来投、磨、压、切等等的石块就是土地供给的。土地本身是劳动资料，但是它在农业上要起劳动资料的作用，还要以一系列其他的劳动资料和劳动力的较高的发展为前提。一般说来，劳动过程只要稍有一点发展，就已经需要经过加工的劳动资

料。在太古人的洞穴中,我们发现了石制工具和石制武器。在人类历史的初期,除了经过加工的石块、木头、骨头和贝壳外,被驯服的,也就是被劳动改变的、被饲养的动物,也曾作为劳动资料起着主要的作用。劳动资料的使用和创造,虽然就其萌芽状态来说已为某几种动物所固有,但是这毕竟是人类劳动过程独有的特征,所以富兰克林给人下的定义是"a tool making animal",制造工具的动物。动物遗骸的结构对于认识已经绝种的动物的机体有重要的意义,劳动资料的遗骸对于判断已经消亡的经济的社会形态也有同样重要的意义。各种经济时代的区别,不在于生产什么,而在于怎样生产,用什么劳动资料生产。劳动资料不仅是人类劳动力发展的测量器,而且是劳动借以进行的社会关系的指示器。

《马克思恩格斯文集》第 5 卷,人民出版社 2009 年版,第 209—210 页

可见,在劳动过程中,人的活动借助劳动资料使劳动对象发生预定的变化。过程消失在产品中。它的产品是使用价值,是经过形式变化而适合人的需要的自然物质。劳动与劳动对象结合在一起。劳动对象物化了,而对象被加工了。在劳动者方面曾以动的形式表现出来的东西,现在在产品方面作为静的属性,以存在的形式表现出来。劳动者纺纱,产品就是纺成品。

如果整个过程从其结果的角度,从产品的角度加以考察,那么劳动资料和劳动对象二者表现为生产资料,劳动本身则表现为生产劳动。

《马克思恩格斯文集》第 5 卷,人民出版社 2009 年版,第 211 页

劳动所生产的对象,即劳动的产品,作为一种**异己的**存在物,作为**不依赖于**生产者的**力量**,同劳动相对立。劳动的产品是固定在某个对象中、物化的劳动,这就是劳动的**对象化**。劳动的现实化就是劳动的对象化。

《马克思恩格斯文集》第 1 卷,人民出版社 2009 年版,第 156—157 页

国民经济学由于不考察工人(劳动)同产品的直接关系而掩盖劳动本质的异化。当然,劳动为富人生产了奇迹般的东西,但是为工人生产了赤贫。劳动生产了宫殿,但是给工人生产了棚舍。劳动生产了美,但是使工人变成畸形。劳动用机器代替了手工劳动,但是使一部分工人回到野蛮的劳动,并使另一部分工人变成机器。劳动生产了智慧,但是给工人生产了愚钝和痴呆。

劳动对它的产品的直接关系,是工人对他的生产的对象的关系。有产者对生产对象和生产本身的关系,不过是这前一种关系的结果,而且证实了这一点。

《马克思恩格斯文集》第1卷,人民出版社2009年版,第158—159页

吃、喝、生殖等等,固然也是真正的人的机能。但是,如果加以抽象,使这些机能脱离人的其他活动领域并成为最后的和唯一的终极目的,那它们就是动物的机能。

我们从两个方面考察了实践的人的活动即劳动的异化行为。第一,工人对劳动产品这个异己的、统治着他的对象的关系。这种关系同时也是工人对感性的外部世界、对自然对象——异己的与他敌对的世界——的关系。第二,在劳动过程中劳动对生产行为的关系。这种关系是工人对他自己的活动——一种异己的、不属于他的活动——的关系。在这里,活动是受动;力量是无力;生殖是去势;工人自己的体力和智力,他个人的生命——因为,生命如果不是活动,又是什么呢?——是不依赖于他、不属于他、转过来反对他自身的活动。这是自我异化,而上面所谈的是物的异化。

《马克思恩格斯文集》第1卷,人民出版社2009年版,第160页

黑格尔把人的自我产生看作一个过程,把对象化看作非对象化,看作外化和这种外化的扬弃;可见,他抓住了**劳动的**本质,把对象性的人、现实的因

而是真正的人理解为人**自己的劳动**的结果。人同作为类存在物的自身发生**现实的**、**能动的**关系,或者说,人作为现实的类存在物即作为人的存在物的实际,只有通过下述途径才是可能:人确实显示出自己的全部**类力量**——这又是只有通过人的全部活动、只有作为历史的结果才有可能——并且把这些力量当作对象来对待,而这首先又是只有通过异化的形式才有可能。

《马克思恩格斯文集》第1卷,人民出版社2009年版,第205页

从单纯物化劳动时间,发展起来了物质对于形式的漠不相关性;因为在物化劳动时间的物的存在中,劳动已只是消失了的东西,只是这种物化劳动时间的自然实体的**外在形式**(这种形式对于这种实体本身来说是外在的,例如桌子的形式对于木头来说是外在的,轴的形式对于铁来说是外在的),劳动已只是存在于物质的东西的外在形式中的东西。物化劳动时间保存它的这种形式,并不象例如树木保存它的树木形式那样是由于再生产的活的内在规律造成的(木头所以在一定形式上作为树木保存自己,是因为这种形式是木头的形式;而桌子的形式对于木头来说则是偶然的,不是它的实体的内在形式),物化劳动时间在这里只是作为物质的东西的外在形式而存在,或者说,它本身只是物质地存在着。因此,它的物质遭到的破坏,也会使形式遭到破坏。

《马克思恩格斯全集》第46卷(上),人民出版社1979年版,第330页

在奴隶制关系下,劳动者属于**个别的特殊的**所有者,是这种所有者的工作机。劳动者作为力的表现的总体,作为劳动能力,是属于他人的物,因而劳动者不是作为主体同自己的力的特殊表现即自己的活的劳动活动发生关系。在农奴依附关系下,劳动者表现为土地财产本身的要素,完全和役畜一样是土地的附属品。在奴隶制关系下,劳动者只不过是活的工作机,因而它

对别人来说具有价值，或者更确切地说，它是价值。对于自由工人来说，他的总体上的劳动能力本身表现为他的财产，表现为他的要素之一，他作为主体掌握着这个要素，通过让渡它而保存它。

《马克思恩格斯全集》第46卷(上)，人民出版社1979年版，第462—463页

只是在资本中，这种关系才被剥掉了一切政治的、宗教的和其他观念的伪装。这种关系——在双方的意识中——被归结为单纯的买和卖的关系。劳动条件本身以赤裸裸的形式与劳动相对立，它们作为**物化劳动**、**价值**、**货币**与劳动相对立，作为把自身仅仅理解为劳动本身的形式并且只是为了作为**物化劳动**保存和增殖自身而与劳动相交换的货币。因此，这种关系纯粹表现为单纯的生产关系——纯粹的经济关系。但是，随着统治关系在这种[资本主义]基础上的发展，就会明白，这种关系仅仅产生于买者即劳动条件的代表同卖者即劳动能力的所有者相互对立的关系。

《马克思恩格斯全集》第47卷，人民出版社1979年版，第147页

（五）人的本质并不是单个人所固有的抽象物，是一切社会关系的总和，人是最名副其实的社会动物

……忘记了特殊的个体性是人的个体性，国家的各种职能和活动是人的职能；他忘记了“特殊的人格”的本质不是它的胡子、它的血液、它的抽象的肉体，而是它的**社会特质**，而国家的职能等等只不过是人的社会特质的存在方式和活动方式。因此不言而喻，个人既然是国家各种职能和权力的承担者，那就应该按照他们的社会特质，而不应该按照他们的私人特质来考察他们。

《马克思恩格斯全集》第3卷，人民出版社2002年版，第29—30页

完成了的政治国家，按其本质来说，是人的同自己物质生活相对立的类生活。这种利己生活的一切前提继续存在于国家范围以外，11 存在于市民社会之中，然而是作为市民社会的特性存在的。在政治国家真正形成的地方，人不仅在思想中，在意识中，而且在现实中，在生活中，都过着双重的生活——天国的生活和尘世的生活。前一种是政治共同体中的生活，在这个共同体中，人把自己看做社会存在物；后一种是市民社会中的生活，在这个社会中，人作为私人进行活动，把他人看做工具，把自己也降为工具，并成为异己力量的玩物。政治国家对市民社会的关系，正像天国对尘世的关系一样，也是唯灵论的。政治国家与市民社会也处于同样的对立之中，它用以克服后者的方式也同宗教克服尘世局限性的方式相同，即它同样不得不重新承认市民社会，恢复市民社会，服从市民社会的统治。人在其最直接的现实中，在市民社会中，是尘世存在物。在这里，即在人把自己并把别人看做是现实的个人的地方，人是一种不真实的现象。相反，在国家中，即在人被看做是类存在物的地方，人是想象的主权中虚构的成员；在这里，他被剥夺了自己现实的个人生活，却充满了非现实的普遍性。

《马克思恩格斯文集》第 1 卷，人民出版社 2009 年版，第 30—31 页

既然人是从感性世界和感性世界中的经验中获得一切知识、感觉等等的，那就必须这样安排经验的世界，使人在其中能体验到真正合乎人性的东西，使他常常体验到自己是人。既然正确理解的利益是全部道德的原则，那就必须使人们的私人利益符合于人类的利益。既然从唯物主义意义上来说人是不自由的，就是说，人不是由于具有避免某种事物发生的消极力量，而是由于具有表现本身的真正个性的积极力量才是自由的，那就不应当惩罚个别人的犯罪行为，而应当消灭产生犯罪行为的反社会的温床，使每个人都有社会空间来展示他的重要的生命表现。既然是环境造就人，那就必须以合乎人性的方式去造就环境。既然人天生就是社会的，那他就只能在社会中发展自己的真正的天性；不应当根据单个个人的力量，而应当根据社会的

力量来衡量人的天性的力量。

《马克思恩格斯文集》第1卷,人民出版社2009年版,第334—335页

费尔巴哈没有看到,"宗教感情"本身是**社会的产物**,而他所分析的抽象的个人,是属于一定的社会形式的。

《马克思恩格斯文集》第1卷,人民出版社2009年版,第501页

费尔巴哈把宗教的本质归结于**人的**本质。但是,人的本质不是单个人所固有的抽象物。在其现实性上,它是一切社会关系的总和。

费尔巴哈没有对这种现实的本质进行批判,所以他不得不:

(1)撇开历史的进程,把宗教感情固定为独立的东西,并假定有一种抽象的——**孤立的**——人的个体;

(2)因此,本质只能被理解为"类",理解为一种内在的、无声的、把许多个人**自然地**联系起来的普遍性。

《马克思恩格斯文集》第1卷,人民出版社2009年版,第501页

旧唯物主义的立脚点是**市民**社会,新唯物主义的立脚点则是**人类**社会或社会的人类。

《马克思恩格斯文集》第1卷,人民出版社2009年版,第502页

以一定的方式进行生产活动的一定的个人,发生一定的社会关系和政治关系。经验的观察在任何情况下都应当根据经验来揭示社会结构和政治结构同生产的联系,而不应当带有任何神秘和思辨的色彩。社会结构和国家总是从一定的个人的生活过程中产生的。这里所说的个人不是他们自己

或别人想象中的那种个人，而是**现实中的**个人，也就是说，这些个人是从事活动的，进行物质生产的，因而是在一定的物质的、不受他们任意支配的界限、前提和条件下活动着的。

《马克思恩格斯文集》第1卷，人民出版社2009年版，第523—524页

这样，生命的生产，无论是通过劳动而生产自己的生命，还是通过生育而生产他人的生命，就立即表现为双重关系：一方面是自然关系，另一方面是社会关系；社会关系的含义在这里是指许多个人的共同活动，不管这种共同活动是在什么条件下、用什么方式和为了什么目的而进行的。由此可见，一定的生产方式或一定的工业阶段始终是与一定的共同活动方式或一定的社会阶段联系着的，而这种共同活动方式本身就是"生产力"；由此可见，人们所达到的生产力的总和决定着社会状况，因而，始终必须把"人类的历史"同工业和交换的历史联系起来研究和探讨。但是，这样的历史在德国是写不出来的，这也是很明显的，因为对于德国人来说，要做到这一点不仅缺乏理解能力和材料，而且还缺乏"感性确定性"；而在莱茵河彼岸之所以不可能有关于这类事情的任何经验，是因为那里再没有什么历史。由此可见，人们之间一开始就有一种物质的联系。这种联系是由需要和生产方式决定的，它和人本身有同样长久的历史；这种联系不断采取新的形式，因而就表现为"历史"，它不需要用任何政治的或宗教的呓语特意把人们维系在一起。

《马克思恩格斯文集》第1卷，人民出版社2009年版，第532—533页

个人的这种发展是在历史地前后相继的等级和阶级的共同生存条件下进行的，也是在由此而强加于他们的普遍观念中进行的，如果用哲学的观点来考察这种发展，当然就很容易产生这样的臆想：在这些个人中，类或人得到了发展，或者说这些个人发展了人；这种臆想，是对历史的莫大侮辱。这

样一来，就可以把各种等级和阶级看做是普遍表达方式的一些类别，看做是类的一些亚种，看做是人的一些发展阶段。

个人隶属于一定阶级这一现象，在那个除了反对统治阶级以外不需要维护任何特殊的阶级利益的阶级形成之前，是不可能消灭的。

……

各个人的出发点总是他们自己，不过当然是处于既有的历史条件和关系范围之内的自己，而不是意识形态家们所理解的“纯粹的”个人。然而在历史发展的进程中，而且正是由于在分工范围内社会关系的必然独立化，在每一个人的个人生活同他的屈从于某一劳动部门以及与之相关的各种条件的生活之间出现了差别。这不应当理解为，似乎像食利者和资本家等等已不再是有个性的个人了，而应当理解为，他们的个性是由非常明确的阶级关系决定和规定的，上述差别只是在他们与另一阶级的对立中才出现，而对他们本身来说，上述差别只是在他们破产之后才产生。

《马克思恩格斯文集》第1卷，人民出版社2009年版，第571、572页

在任何情况下，个人总是“**从自己**出发的”，但由于从他们彼此不需要发生任何联系这个意义上来说他们不是**唯一的**，由于他们的**需要**即他们的本性，以及他们求得满足的方式，把他们联系起来（两性关系、交换、分工），所以他们**必然要**发生相互关系。但由于他们相互间不是作为纯粹的**我**，而是作为处在生产力和需要的一定发展阶段上的个人而发生交往的，同时由于这种交往又决定着生产和需要，所以正是个人相互间的这种私人的个人的关系、他们作为个人的相互关系，创立了——并且每天都在重新创立着——现存的关系。他们是以他们曾是的样子而互相交往的，他们是如他们曾是的样子而“从自己”出发的，至于他们曾有什么样子的“人生观”，则是无所谓的。这种“人生观”——即使是被哲学家所曲解的——当然总是由他们的现实生活决定的。显然，由此可以得出结论，一个人的发展取决于和他直接或间接进行交往的其他一切人的发展；彼此发生关系的个人的世

世代代是相互联系的,后代的肉体的存在是由他们的前代决定的,后代继承着前代积累起来的生产力和交往形式,这就决定了他们这一代的相互关系。总之,我们可以看到,发展不断地进行着,单个人的历史决不能脱离他以前的或同时代的个人的历史,而是由这种历史决定的。

《马克思恩格斯全集》第 3 卷,人民出版社 1960 年版,第 514—515 页

我们在衡量需要和享受时是以社会为尺度,而不是以满足它们的物品为尺度的。

《马克思恩格斯文集》第 1 卷,人民出版社 2009 年版,第 729 页

我们越往前追溯历史,个人,从而也是进行生产的个人,就越表现为不独立,从属于一个较大的整体:最初还是十分自然地在家庭和扩大成为氏族的家庭中;后来是在由氏族间的冲突和融合而产生的各种形式的公社中。只有到 18 世纪,在"市民社会"中,社会联系的各种形式,对个人说来,才表现为只是达到他私人目的的手段,才表现为外在的必然性。但是,产生这种孤立个人的观点的时代,正是具有迄今为止最发达的社会关系(从这种观点看来是一般关系)的时代。人是最名副其实的政治动物,不仅是一种合群的动物,而且是只有在社会中才能独立的动物。孤立的一个人在社会之外进行生产——这是罕见的事,在已经内在地具有社会力量的文明人偶然落到荒野时,可能会发生这种事情——就像许多个人不在一起生活和彼此交谈而竟有语言发展一样,是不可思议的。

《马克思恩格斯文集》第 8 卷,人民出版社 2009 年版,第 6 页

只有一个在其中有计划地进行生产和分配的自觉的社会生产组织,才能在社会关系方面把人从其余的动物中提升出来,正象一般生产曾经在物

种关系方面把人从其余的动物中提升出来一样。历史的发展使这样的社会生产组织日益成为必要,也日益成为可能。

《马克思恩格斯全集》第 20 卷,人民出版社 1971 年版,第 374—375 页

这里不必再补充说,人们不能自由选择**自己的生产力**——这是他们的全部历史的基础,因为任何生产力都是一种既得的力量,是以往的活动的产物。可见,生产力是人们的应用能力的结果,但是这种能力本身决定于人们所处的条件,决定于先前已经获得的生产力,决定于在他们以前已经存在、不是由他们创立而是由前一代人创立的社会形式。

《马克思恩格斯文集》第 10 卷,人民出版社 2009 年版,第 43 页

人们在发展其生产力时,即在生活时,也发展着一定的相互关系;这些关系的形式必然随着这些生产力的改变和发展而改变。

《马克思恩格斯文集》第 10 卷,人民出版社 2009 年版,第 47 页

不论是生产本身中人的活动的**交换**,还是**人的产品的交换**,其意义都相当于**类活动**和类精神——它们的现实的、有意识的、真正的存在是**社会的**活动和**社会的**享受。因为**人的**本质是人的**真正的社会联系**,所以人在积极实现自己**本质**的过程中**创造**、生产人的**社会联系**、社会本质,而社会本质不是一种同单个人相对立的抽象的一般的力量,而是每一个单个人的本质,是他自己的活动,他自己的生活,他自己的享受,他自己的财富。因此,上面提到的**真正的社会联系**并不是由反思产生的,它是由于有了个人的**需要**和**利己主义**才出现的,也就是个人在积极实现其存在时的直接产物。有没有这种社会联系,是不以人为转移的;但是,只要人不承认自己是人,因而不按人的

方式来组织世界,这种**社会联系**就以**异化**的形式出现。因为这种社会联系的**主体**,即人,是同自身相异化的存在物。人——不是抽象概念,而是作为现实的、活生生的、特殊的个人——**都是**这种存在物。这些个人**是怎样的**,这种社会联系本身就是怎样的。

《马克思恩格斯全集》第 42 卷,人民出版社 1979 年版,第 24—25 页

……人自身相异化以及这个异化了的人的**社会**是一幅描绘他的**现实的社会联系**,描绘他的真正的类生活的讽刺画;他的活动由此而表现为苦难,他个人的创造物表现为异己的力量,他的财富表现为他的贫穷,把他同别人结合起来的**本质的联系**表现为非本质的联系,相反,他同别人的分离表现为他的真正的存在;他的生命表现为他的生命的牺牲,他的本质的现实化表现为他的生命的非现实化,他的生产表现为他的非存在的生产,他支配物的权力表现为物支配他的权力,而他本身,即他的创造物的主人,则表现为这个创造物的奴隶。

《马克思恩格斯全集》第 42 卷,人民出版社 1979 年版,第 25 页

假定我们作为人进行生产。在这种情况下,我们每个人在自己的生产过程中就**双重地**肯定了自己和另一个人:(1)我在我的**生产**中使我的**个性**和我的个性的**特点**对象化,因此我既在活动时享受了个人的**生命表现**,又在对产品的直观中由于认识到我的个性是**对象性的**、**可以感性地直观的**因而是**毫无疑问的**权力而感受到个人的乐趣。(2)在你享受或使用我的产品时,我**直接**享受到的是:既意识到我的劳动满足了**人的**需要,从而使**人的**本质对象化,又创造了与另一个**人的**本质的需要相符合的物品。(3)对你来说,我是你与类之间的**媒介**,你自己认识到和感觉到我是你自己本质的补充,是你自己不可分割的一部分,从而我认识到我自己被你的思想和你的爱所证实。(4)在我个人的生命表现中,我直接创造了你的生命表现,因而在

我个人的活动中,我直接**证实**和**实现**了我的真正的本质,即我的**人的本质**,我的**社会的本质**。

我们的产品都是反映我们本质的镜子。

情况就是这样:你那方面所发生的事情同样也是我这方面所发生的事情。

《马克思恩格斯全集》第 42 卷,人民出版社 1979 年版,第 37—38 页

首先应当避免重新把"社会"当作抽象的东西同个人对立起来。个人**是社会存在物**。因此,他的生命表现,即使不采取**共同的**、同其他人一起完成的生命表现这种直接形式,也**是社会生活的**表现和确证。人的个人生活和类生活并不是**各不相同的**,尽管个人生活的存在方式必然是类生活的较为**特殊的**或者较为**普遍的**方式,而类生活必然是较为**特殊的**或者较为**普遍的**个人生活。

《马克思恩格斯全集》第 42 卷人民出版社 1979 年版,第 122—123 页

……人是一个**特殊的**个体,并且正是他的特殊性使他成为一个个体,成为一个现实的、**单个的**社会存在物,同样地他也是**总体**,观念的总体,被思考和被感知的社会的自为的主体存在,正如他在现实中既作为对社会存在的直观和现实享受而存在,又作为人的生命表现的总体而存在一样。

《马克思恩格斯全集》第 42 卷人民出版社 1979 年版,第 123 页

对于没有音乐感的耳朵说来,最美的音乐也**毫无**意义,不是对象,因为我的对象只能是我的一种本质力量的确证,也就是说,它只能象我的本质力量作为一种主体能力自为地存在着那样对我存在,因为任何一个对象对我的意义(它只是对那个与它相适应的感觉说来才有意义)都以**我的**感觉所

及的程度为限。所以社会的人的**感觉不同于**非社会的人的感觉。只是由于人的本质的客观地展开的丰富性,主体的、**人的**感性的丰富性,如有音乐感的耳朵、能感受形式美的眼睛,总之,那些能成为**人的**享受的**感觉**,即确证自己是人的本质力量的感觉,才一部分发展起来,一部分产生出来。因为,不仅五官感觉,而且所谓精神感觉、实践感觉(意志、爱等等),一句话,**人的**感觉、感觉的人性,都只是由于**它的**对象的存在,由于**人化的**自然界,才产生出来的。五官感觉的**形成**是以往全部世界历史的产物。囿于粗陋的实际需要的**感觉**只具有**有限**的意义。对于一个忍饥挨饿的人说来并不存在人的食物形式,而只有作为食物的抽象存在;食物同样也可能具有最粗糙的形式,而且不能说,这种饮食与**动物的**饮食有什么不同。忧心忡忡的穷人甚至对最美丽的景色都没有什么**感觉**;贩卖矿物的商人只看到矿物的商业价值,而看不到矿物的美和特性;他没有矿物学的感觉。因此,一方面为了使人的**感觉**成为**人的**,另一方面为了创造同人的本质和自然界的本质的全部丰富性相适应的**人的感觉**,无论从理论方面还是从实践方面来说,人的本质的对象化都是必要的。

《马克思恩格斯全集》第 42 卷人民出版社 1979 年版,第 126 页

人们说过并且还会说,美好和伟大之处,正是建立在这种自发的、不以个人的知识和意志为转移的、恰恰以个人互相独立和漠不关心为前提的联系即物质的和精神的新陈代谢这种基础上。毫无疑问,这种物的联系比单个人之间没有联系要好,或者比只是以自然血缘关系和统治从属关系为基础的地方性联系要好。同样毫无疑问,在个人创造出他们自己的社会联系之前,他们不可能把这种社会联系置于自己支配之下。如果把这种单纯物的联系理解为自然发生的、同个性的自然(与反思的知识和意志相反)不可分割的、而且是个性内在的联系,那是荒谬的。这种联系是各个人的产物。它是历史的产物。它属于个人发展的一定阶段。这种联系借以同个人相对立而存在的异己性和独立性只是证明,个人还处于创造自己的社会生活条件的过程中,而不是从这种条件出发去开始他们的社会生活。这是各个人

在一定的狭隘的生产关系内的自发的联系。

全面发展的个人——他们的社会关系作为他们自己的共同的关系，也是服从于他们自己的共同的控制的——不是自然的产物，而是历史的产物。要使这种个性成为可能，能力的发展就要达到一定的程度和全面性，这正是以建立在交换价值基础上的生产为前提的，这种生产才在产生出个人同自己和同别人相异化的普遍性的同时，也产生出个人关系和个人能力的普遍性和全面性。在发展的早期阶段，单个人显得比较全面，那正是因为他还没有造成自己丰富的关系，并且还没有使这种关系作为独立于他自身之外的社会权力和社会关系同他自己相对立。留恋那种原始的丰富，是可笑的，相信必须停留在那种完全的空虚化之中，也是可笑的。

《马克思恩格斯文集》第 8 卷，人民出版社 2009 年版，第 56—57 页

这些**自然生产条件**的形式是双重的：(1) 人作为某个共同体的成员的存在；因而，也就是这个共同体的存在，其原始形式是**部落体**，是或多或少发生变化的**部落体**；(2) 以共同体为媒介，把**土地**看作**自己的**土地，公共的土地财产对个人来说同时又是**个人占有物**；或者是这样：只有[土地的]果实实行分配，而土地本身及其耕作仍然是共同的。(但**住所**等等，哪怕是西综亚人的四轮车，也总是由个人占有。) 对活的个体来说，生产的自然条件之一，就是他属于某一**自然形成的社会**，部落等等。

《马克思恩格斯文集》第 8 卷，人民出版社 2009 年版，第 142 页

劳动主体所组成的共同体，以及以此共同体为基础的所有制，归根到底归结为劳动主体的生产力发展的一定阶段，而和该阶段相适应的是劳动主体相互间的一定关系和他们对自然界的一定关系。

《马克思恩格斯文集》第 8 卷，人民出版社 2009 年版，第 146 页

共同体以主体与其生产条件有着一定的客观统一为前提的,或者说,主体的一定的存在以作为生产条件的共同体本身为前提的所有一切形式(它们或多或少是自然形成的,但同时也都是历史过程的结果),必然地只和有限的而且是原则上有限的生产力的发展相适应。生产力的发展使这些形式解体,而它们的解体本身又是人类生产力的发展。

《马克思恩格斯文集》第46卷,人民出版社2009年版,第148页

(六)任何一种解放都是把人的世界和人的关系还给人自己

任何解放都是使人的世界即各种关系回归于人自身。

政治解放一方面把人归结为市民社会的成员,归结为利己的、独立的个体,另一方面把人归结为公民,归结为法人。

只有当现实的个人把抽象的公民复归于自身,并且作为个人,在自己的经验生活、自己的个体劳动、自己的个体关系中间,成为类存在物的时候,只有当人认识到自身"固有的力量"是社会力量,并把这种力量组织起来因而不再把社会力量以政治力量的形式同自身分离的时候,只有到了那个时候,人的解放才能完成。

《马克思恩格斯文集》第1卷,人民出版社2009年版,第46页

由社会全体成员组成的共同联合体来共同地和有计划地利用生产力;把生产发展到能够满足所有人的需要的规模;结束牺牲一些人的利益来满足另一些人的需要的情况;彻底消灭阶级和阶级对立;通过消除旧的分工,通过产业教育、变换工种、所有人共同享受大家创造出来的福利,通过城乡的融合,使社会全体成员的才能得到全面发展,——这是废除私有制的主要结果。

《马克思恩格斯文集》第1卷,人民出版社2009年版,第689页

我们这里所说的是这样的共产主义社会，它不是在它自身基础上已经**发展了的**，恰好相反，是刚刚从资本主义社会中**产生出来的**，因此它在各方面，在经济、道德和精神方面都还带着它脱胎出来的那个旧社会的痕迹。所以，每一个生产者，在作了各项扣除之后，从社会领回的，正好是他给予社会的。他所给予社会的，就是他个人的劳动量。

……

在共产主义社会高级阶段，在迫使人们奴隶般地服从分工的情形已经消失，从而脑力劳动和体力劳动的对立也随之消失之后；在劳动已经不仅仅是谋生的手段，而且本身成了生活的第一需要之后；在随着个人的全面发展，他们的生产力也增长起来，而集体财富的一切源泉都充分涌流之后，——只有在那个时候，才能完全超出资产阶级权利的狭隘眼界，社会才能在自己的旗帜上写上：各尽所能，按需分配！

《马克思恩格斯文集》第3卷，人民出版社2009年版，第434、435—436页

一旦社会占有了生产资料，商品生产就将被消除，而产品对生产者的统治也将随之消除。社会生产内部的无政府状态将为有计划的自觉的组织所代替。……一直统治着历史的客观的异己的力量，现在处于人们自己的控制之下了。只是从这时起，人们才完全自觉地自己创造自己的历史；只是从这时起，由人们使之起作用的社会原因才大部分并且越来越多地达到他们所预期的结果。这是人类从必然王国进入自由王国的飞跃。

《马克思恩格斯文集》第3卷，人民出版社2009年版，第564—565页

当社会成为全部生产资料的主人，可以在社会范围内有计划地利用这些生产资料的时候，社会就消灭了迄今为止的人自己的生产资料对人的奴役。不言而喻，要不是每一个人都得到解放，社会也不能得到解放。因此，

旧的生产方式必须彻底变革,特别是旧的分工必须消灭。代替它们的应该是这样的生产组织:在这样的组织中,一方面,任何个人都不能把自己在生产劳动这个人类生存的必要条件中所应承担的部分推给别人;另一方面,生产劳动给每一个人提供全面发展和表现自己的全部能力即体能和智能的机会,这样,生产劳动就不再是奴役人的手段,而成了解放人的手段,因此,生产劳动就从一种负担变成一种快乐。

《马克思恩格斯文集》第9卷,人民出版社2009年版,第310—311页

事实上,自由王国只是在必要性和外在目的规定要做的劳动终止的地方才开始;因而按照事物的本性来说,它存在于真正物质生产领域的彼岸。像野蛮人为了满足自己的需要,为了维持和再生产自己的生命,必须与自然搏斗一样,文明人也必须这样做;而且在一切社会形式中,在一切可能的生产方式中,他都必须这样做。这个自然必然性的王国会随着人的发展而扩大,因为需要会扩大;但是,满足这种需要的生产力同时也会扩大。这个领域内的自由只能是:社会化的人,联合起来的生产者,将合理地调节他们和自然之间的物质变换,把它置于他们的共同控制之下,而不让它作为一种盲目的力量来统治自己;靠消耗最小的力量,在最无愧于和最适合于他们的人类本性的条件下来进行这种物质变换。但是,这个领域始终是一个必然王国。在这个必然王国的彼岸,作为目的本身的人类能力的发挥,真正的自由王国,就开始了。

《马克思恩格斯文集》第7卷,人民出版社2009年版,第928—929页

共产主义是对私有财产即人的自我异化的积极的扬弃,因而是通过人并且为了人而对人的本质的真正占有;因此,它是人向自身、也就是向社会的即合乎人性的人的复归,这种复归是完全的复归,是自觉实现并在以往发展的全部财富的范围内实现的复归。这种共产主义,作

为完成了的自然主义，等于人道主义，而作为完成了的人道主义，等于自然主义，它是人和自然界之间、人和人之间的矛盾的真正解决，是存在和本质、对象化和自我确证、自由和必然、个体和类之间的斗争的真正解决。

《马克思恩格斯文集》第1卷，人民出版社2009年版，第185页

对社会主义的人来说，整个所谓世界历史不外是人通过人的劳动而诞生的过程，是自然界对人来说的生成过程，所以关于他通过自身而诞生、关于他的形成过程，他有直观的、无可辩驳的证明。因为人和自然界的实在性，即人对人来说作为自然界的存在以及自然界对人来说作为人的存在，已经成为实际的、可以通过感觉直观的，所以关于某种异己的存在物、关于凌驾于自然界和人之上的存在物的问题，即包含着对自然界的和人的非实在性的承认的问题，实际上已经成为不可能的了。……社会主义是人的不再以宗教的扬弃为中介的积极的自我意识，正像现实生活是人的不再以私有财产的扬弃即共产主义为中介的积极的现实一样。共产主义是作为否定的否定的肯定，因此，它是人的解放和复原的一个现实的、对下一段历史发展来说是必然的环节。共产主义是最近将来的必然的形态和有效的原则，但是，这样的共产主义并不是人类发展的目标，并不是人类社会的形态。

《马克思恩格斯文集》第1卷，人民出版社2009年版，第196—197页

当共产主义的手工业者联合起来的时候，他们首先把学说、宣传等等视为目的。但是同时，他们也因此而产生一种新的需要，即交往的需要，而作为手段出现的东西则成了目的。当法国社会主义工人联合起来的时候，人们就可以看出，这一实践运动取得了何等光辉的成果。吸烟、饮酒、吃饭等等在那里已经不再是联合的手段，不再是联系的手段。交往、联合以及仍然

以交往为目的的叙谈，对他们来说是充分的；人与人之间的兄弟情谊在他们那里不是空话，而是真情，并且他们那由于劳动而变得坚实的形象向我们放射出人类崇高精神之光。

《马克思恩格斯文集》第1卷，人民出版社2009年版，第232页

扬弃是**把**外化**收回到自身**的、对象性的运动。……而共产主义作为私有财产的扬弃就是要求归还真正人的生命即人的财产……共产主义则是以扬弃私有财产作为自己的中介的人道主义。只有通过对这种中介的扬弃——但这种中介是一个必要的前提——积极地从自身开始的即**积极的**人道主义才能产生。

然而，无神论、共产主义决不是人所创造的对象世界的消逝、舍弃和丧失，决不是人的采取对象形式的本质力量的消逝、舍弃和丧失，决不是返回到非自然的、不发达的简单状态去的贫困。恰恰相反，无神论、共产主义才是人的本质的现实的生成，是人的本质对人说来的真正的实现，或者说，是人的本质作为某种现实的东西的实现。

《马克思恩格斯文集》第1卷，人民出版社2009年版，第216—217页

物化劳动不再以死的东西在物质中作为外在的、无关的形式而存在，因为物化劳动本身又表现为活劳动的要素，表现为活劳动对处在某种物质材料中的自身的关系，表现为活劳动的**对象性**（作为手段和对象）（活劳动的**物的**条件）。

这样，活劳动通过把自己实现在材料中而改变材料本身，——这种改变是由劳动的目的和劳动的有目的的活动决定的（这种改变不象在死的物中那样是创造物质的外在形式，创造物质存在的仅仅转瞬即逝的外表），——因此，材料在一定形式中保存下来，物质的形式变换服从于劳动的目的。劳动是活的、塑造形象的火；是物的易逝性，物的暂时性，这种易逝性和暂时性

表现为这些物通过活的时间而被赋予形式。

《马克思恩格斯全集》第46卷(上),人民出版社1979年版,第330—331页

这里已经不再是工人把改变了形态的自然物作为中间环节放在自己和对象之间;而是工人把由他改变为工业过程的自然过程作为中介放在自己和被他支配的无机自然界之间。工人不再是生产过程的主要作用者,而是站在生产过程的旁边。

在这个转变中,表现为生产和财富的宏大基石的,既不是人本身完成的直接劳动,也不是人从事劳动的时间,而是对人本身的一般生产力的占有,是人对自然界的了解和通过人作为社会体的存在来对自然界的统治,总之,是社会个人的发展。

《马克思恩格斯文集》第8卷,人民出版社2009年版,第196页

当他们已经这样做的时候,——这样一来,**可以自由支配的时间**就不再是**对立的**存在物了,——那时,一方面,社会的个人的需要将成为必要劳动时间的尺度,另一方面,社会生产力的发展将如此迅速,以致尽管生产将以所有的人富裕为目的,所有的人的**可以自由支配的时间**还是会增加。因为真正的财富就是所有个人的发达的生产力。那时,财富的尺度决不再是劳动时间,而是可以自由支配的时间。

《马克思恩格斯文集》第8卷,人民出版社2009年版,第200页

随着活劳动的直接性质被扬弃,即作为单纯单个劳动或者作为单纯内部的一般劳动或单纯外部的一般劳动的性质被扬弃,随着个人的活动被确立为直接的一般活动或社会活动,生产的物的要素也就摆脱这种异化形式;

这样一来,这些物的要素就被确立为这样的财产,确立为这样的有机社会躯体,在其中个人作为单个的人,然而是作为社会的单个的人再生产出来。

《马克思恩格斯文集》第8卷,人民出版社2009年版,第208页

让我们换一个方面,设想有一个自由人联合体,他们用公共的生产资料进行劳动,并且自觉地把他们许多个人劳动力当做一个社会劳动力来使用。……这个联合体的总产品是一个社会产品。这个产品的一部分重新用做生产资料。这一部分依旧是社会的。而另一部分则作为生活资料由联合体成员消费。因此,这一部分要在他们之间进行分配。这种分配的方式会随着社会生产有机体本身的特殊方式和随着生产者的相应的历史发展程度而改变。仅仅为了同商品生产进行对比,我们假定,每个生产者在生活资料中得到的份额是由他的劳动时间决定的。这样,劳动时间就会起双重作用。劳动时间的社会的有计划的分配,调节着各种劳动职能同各种需要的适当的比例。另一方面,劳动时间又是计量生产者在共同劳动中个人所占份额的尺度,因而也是计量生产者在共同产品的个人可消费部分中所占份额的尺度。在那里,人们同他们的劳动和劳动产品的社会关系,无论在生产上还是在分配上,都是简单明了的。

《马克思恩格斯文集》第5卷,人民出版社2009年版,第96—97页

经济发展的跳跃性,生产方式的急剧改革及生产的高度集中,人身依附与宗法关系的一切形式的崩溃,人口的流动,大工业中心的影响等等,——这一切不能不引起生产者性格的深刻改变……

《列宁全集》第3卷,人民出版社2013年版,第552页

第七章　分工、协作、大工业的结构—功能

一、导　语

马克思主义经典作家在系统地、辩证地分析、批判资本主义生产方式的同时，曾指出；资本主义是社会主义赖以创建的前提，社会主义取代资本主义是资本主义社会内在矛盾发展的必然结果。其原因在于：社会主义和资本主义除了生产资料所有制不同，工人和资本家这两个互相对立的阶级在社会生产过程中的地位和相互关系不同以外，在其它许多方面存在着相同之处。商品经济的社会生产过程这个大系统中的自然属性部分，可以按作用程度分为三个层次即三个子系统：社会生产、社会化大生产、企业经营管理。

(一)社会生产系统

马克思主义经济学认为，社会分工、协作及其建立在这一基础上的劳动生产率的提高、按比例分配社会劳动、剩余劳动是社会进步的基础，不仅适用于社会主义生产过程，而且适用于资本主义生产过程。其原因在于：

首先，在生产力方面，资本主义简单协作虽然同手工业作坊只有量的区别，但却在一定的限度内创造了新的生产力：许多具有不同劳动能力的工人集中劳动，迫使每个人都必须达到社会平均劳动水平，从而提高生产力；许多劳动者共同协作可产生一种比单个生产力的机械总和强大的多的集体生产力；许多劳动者在一起，会引起竞争心和特有的精神振奋而提高每个人的

效率;简单协作使劳动具有连续性和多面性,缩短生产周期,加速社会再生产过程;可以集中人力在短期内完成某项生产任务;可以集中人力在短期内完成某项大型工程;还可通过分工相对缩小每个劳动者的活动空间及范围,节约生产费用,加速生产过程。

资本主义协作要具备如下条件:第一,资本家必须积累大量的资本,才能大量雇佣工人在一起劳动。第二,一切协作都要有人指挥与管理。资本主义协作的特点是:资本家借助资本与管理对工人进行掠夺和压迫,由协作产生的新的生产力归资本家无偿占有,表现为资本内在的生产力。资本主义生产从一开始就是社会化的劳动。

其次,是分工和工场手工业通过生产技能专门化和提高劳动生产率而促进了生产力的发展。以分工为基础的协作,是在简单协作的基础上发展起来的,这种协作在工场手工业上取得了自己的典型形态。工场手工业是通过两种方式产生的:一种是把不同种的独立手工业工人集中在同一个资本家指挥下,共同制造某一种产品,使原来具有全面工作能力的手工业工人变成为只有某种专长的局部工人,并由这些局部工人综合形成系统的专业化分工;另一种是把同类手工业工人集中在同一个资本家工厂里各自独立完成制造某种产品的全部操作,并在此基础上把完整的操作分割为各种不同的独立操作,使之形成系统的分工。工场手工业分工的结果使工人及其使用的工具向专门化方向发展并提高了生产力:第一,工人从独立劳动者变成局部工人引起生产力提高,反复从事同一操作,比不断变换操作能节省时间,提高劳动生产率;许多工人反复一起从事同一操作,使其发展为专门技艺,提高劳动生产率;增加工人劳动强度,节省搬运原料、半成品、成品等劳动力的非生产消耗,也能提高劳动生产率。第二,劳动工具专门化引起生产力的提高,局部工人反复从事一种操作,逐渐创造出适合其专业化劳动需要的生产工具,提高了劳动生产率;劳动工具的简化,改进和多样化,为机器的产生创造了物质条件。

工场手工业有两种基本形式:混成的工场手工业和有机的工场手工业。混成的工场手工业是工场手工业的不完善形式,有机的工场手工业是工场手工业的完善形式。有机的工场手工业是由互相分工的各个生产小组有机构成的总体,它在促进劳动社会化、提高劳动生产率方面起着重要作用:集中劳动,能缩短制品在各个特殊生产阶段之间的运送距离,节省人力、物力消耗,加速生产的过程;工场手工业分工具有连续性、划一性、规则性、秩序性,互相分工的各种不同操作,一环扣一环地顺序进行,能促使工人提高生产率;互相分工的从事不同操作的工人,都必须按时、按质,按量地完成各自的生产任务,从而使每个工人都必须提高劳动强度并使自己的生产技术达到本工场的平均水平,商品的价值规律由单纯的外部的竞争机制进一步发展成为生产过程本身的技术规律;互相分工的各不同的环节必须在数量上保持必要的比例,使工场内部各种生产活动能够协调地发展。工场手工业的发展使工人成为资本家的活机器,整个工场成为由许多局部工人结合组成的活机器;局部工人片面发展又造成简单劳动和复杂劳动的差别;以及与此相适应的劳动力等级制度和工资等级制度;造成一批不需任何技术、学习费用的非熟练工人和只有片面专长的所谓熟练工人,在降低劳动力价值的同时相应增加了剩余价值。

工场手工业分工是资本主义生产方式的独特创造。社会分工和场内分工同时并存,社会分工的无政府状态和场内分工的计划性、专制性互相联系,互相制约,这是资本主义特有的现象。社会分工是各种经济形态所共有的,而工场内分工则是资本主义生产方式的独特创造,资本主义以前的社会不存在这种现象。在工场手工业中,单个资本家手中积聚资本的最低限额比简单协作大,而且越来越大;工人生产技能片面专门化,使其劳动力不卖给资本家就不能得到利用,从而使他本人成为资本家工场的附属物;物质生产过程的智力作为别人的财产和统治工人的力量同工人相对立;造成社会生产过程的质的划分和量的比例创造了新的社会劳动组织;发展了社会生产力。工场手工业创造了各种专门化的生产工具,并逐渐把它们联结成为机器,为向大工业过渡提供了必要的物质技术基础。

(二)社会化大生产系统

无论是社会主义还是资本主义生产方式,都是建立在社会化大生产基础之上的。经典作家在论述关于机器及其体系、科学技术的作用、机器价值向产品的转移、机器的使用界限、机器生产和工人就业的关系等理论时认为除了它们为资本主义所应用的一面外,其一般原理也适用于社会主义。经典作家们是从以下几个方面来分析资本主义机器大工业的。

首先,机器大工业是资本主义生产的成熟或典型形态,简单协作、工场手工业是由个体向资本主义大生产的过渡形式。机器是提高社会生产力,使商品便宜,缩短工作日,发展科学文化的强有力的手段。但在资本主义条件下,资本家却把机器的使用当作是延长劳动日、增加劳动强度、破坏工人家庭,使工人一家都成为他剥削对象的野蛮手段。机器不仅是相对剩余价值的生产手段,而且也被用于生产绝对剩余价值。资本主义应用机器的必然结果,是在促进社会生产力发展的同时,加深了资本主义生产方式的内在矛盾,并使这种内在矛盾日益成熟。资本主义生产方式的变革,在工场手工业中从实现劳动分工开始,由工场手工业到机器大工业的过渡中从手工工具变为机器开始。制造工具机是 18 世纪工业革命的起点,也是工场手工业的手工生产向机落生产过渡的起点。只有制造出工具机,才能大幅度地提高劳动生产率,增加相对剩余价值的生产,才能使发动机、传动机有用武之地,才能使工具机、发动机和传动机这些机器的组成部分共同结合而成一部完整的机器。机器产生后,先后经历了以机器的简单协作或分工协作为基础的普通机器体系阶段和自动的机器体系阶段。

其次,机器的产生促使机器制造工业出现并形成生产资料的大规模生产。机器开始都是在工场手工业内用手工劳动制造出来的,这与机器的大规模应用产生了矛盾:任何一个部门采用机器都会引起原料供应、机器供应、燃料供应、产品消费的大量增加,手工业生产很难满足这种迅速、大量增长的消费需要,解决的办法就是建立强大的机器制造业,用机器制造机器。

再次,机器生产创造了比手工生产高得多的劳动生产率。但这种生产力并不是不变资本带来的,而是把自然力和自然科学并入生产过程的一种必然结果。机器本身并不创造价值,也不能使产品变便宜。机器以它的使用价值整体长期地服务于生产过程,其价值只能分期分批地陆续转移到新产品中去。资本主义生产使用机器受机器的生产率限制,只要生产机器所费的劳动少于使用机器所代替的劳动就可使用机器。但是资本家因其付给工人的只是劳动力部分的价值而不是工人创造的全部价值,所以,只有当采用机器所支付的价值小于它所代替的劳动力价值的时候,才肯使用机器。机器要求以自然力代替人力,以自觉应用科学技术代替从经验中得出的成规。工场手工业分工是局部工人的纯主观的结合体,机器分工是按客观物质的物理化学性质确定的,是摆在工人面前的整个生产机体。工人的劳动过程必须社会化,也只有社会化才能使机器发挥作用。

最后,由无数的各种机器组成的机器体系就是工厂,在工厂里,工人成为机器的单纯附属物。在工场手工业时期是人操纵工具,而在工厂里则是机器操纵工具,工人只是从旁照料,当机器的助手;工场手工业分工以各有专长的局部工人为基础,工厂分工以机器体系为基础,工人只在机器旁从事简单协作。除主要工人和辅助工人的分工之外,还有工程师、技师和工匠等。这种分工形式是资本剥削工人的强有力的手段;划一的简单劳动使工人没有独立的生产技能,既降低了劳动力价值,又便于资本进行支配和解雇;即使剥削再重也得把劳动力卖给资本家;机器工人的劳动单调无内容,智力和机器成为资本支配劳动的权力,体、脑力劳动的分离最终完成;机器劳动严重损害工人的神经系统,压抑肌肉的多方面运动,侵吞工人身体和精神上的自由。机器的使用还同时在以下几个方面对工人产生了直接影响:一是由于机器简化了操作过程、减轻了工人的体力消耗而使资本家可以大量雇佣廉价的、反抗力小的妇女和儿童,扩大了剥削范围;二是机器的使用为资本家延长工作日创造了新的动机和条件,因为机器能昼夜不停的进行生产而帮助资本家创造更多的剩余价值;三是产生了机器大批排挤工人的现象;四是资本家利用机器提高了工人的劳动强度。

(三)企业经营管理系统

社会主义社会与资本主义社会,除了由于制度不同而引起的根本性质上的区别以外,在组织社会化大生产中遇到的许多问题是相同的。资产阶级管理现代化大生产已有几百年历史,他们在宏观管理和微观管理方面都

创造总结出了许多科学的理论和实用的方法,值得我们借鉴和学习,对此,我们可以从以下几方面理解:

第一,无论是在哪里,只要存在着共同劳动,只要有分工和协作,就需要管理,因而管理具有组织和协调劳动过程的职能。如果撇开剥削性质来看,资本主义在管理现代化大生产中创造的许多规章制度,如“泰罗制”、“福特制”;许多组织形式,如卡特尔、康采恩、托拉斯和跨国公司;许多经营方式,如各种信用制度、购销方式等;许多工资报酬的分配办法,如工资制度、奖金制度等都有其适应商品经济发展,适应社会化大生产与分工协作的重要作用,是企业管理的一般属性,是促进生产力发展的重要手段。

第二,资本主义国家宏观管理制度的建立和完善,一方面是资产阶级维护其统治的需要,另一方面也是社会化大生产的要求。原因如下:其一,机器对工人造成的巨大灾难引起了工人阶级的反抗,资产阶级政府为了缓和阶级矛盾,维护资本主义制度而制定了工厂法,其中包括对工作日长度的限制和工厂的卫生条款和教育条款。其二,机器大生产要求教育与生产劳动相结合。资产阶级政府通过有关教育条款的法律把初等教育宣布为强制条件,在人类历史上首先提出了体力劳动与智育、体育相结合,资产阶级之所以要实行强制教育是因为机器生产,一方面使工人劳动简单化,造成熟练工与非熟练工的分工,使工人成为无知、粗野、体力衰退和精神堕落者;另一方面又不断地变革生产技术,不断地把大量的资本从一个生产部门投到另一个生产部门,形成劳动的变换、职能的变更和工人的全面流动。要解决这个矛盾就必须使用受过教育的全面发展的工人代替那种只能承担简单操作的熟练工和非熟练工。因此,教育与生产劳动相结合的制度在机器大生产的基础上产生,是一种合乎劳动不断变化的规律的现象。这种教育的结果也提高了工人阶级的素质,造就了全面发展的人,促进了生产力的发展。

马克思主义经典作家关于分工、协作和大机器工业的论述,包含了很丰富的系统科学思想。如分工对劳动力结构配置产生的影响;协作的内部结构及其形成的集体力的放大功能;机器体系所造成的资本主义生产方式对雇佣劳动的奴役。学习马克思主义经典作家这些丰富的经济学方法论思想,对科学认识社会主义经济运行机制,无疑具有启示和借鉴意义。

二、摘　编

(一)社会分工是商品经济和资本主义全部发展过程的基础

到目前为止的一切生产的基本形式是分工,一方面是社会内部的分工,另一方面是每一单个生产机构内部的分工。

《马克思恩格斯文集》第9卷,人民出版社2009年版,第306页

起初,为了有足够的同时被剥削的工人人数,从而有足够的生产出来的剩余价值数量,以便使雇主本身摆脱体力劳动,由小业主变成资本家,从而使资本关系在形式上建立起来,需要有一定的最低限额的单个资本。现在,这个最低限额又表现为使许多分散的和互不依赖的单个劳动过程转化为一个结合的社会劳动过程的物质条件。

同样,起初资本指挥劳动只是表现为这样一个事实的形式上的结果:工人不是为自己劳动,而是为资本家,因而是在资本家的支配下劳动。随着许多雇佣工人的协作,资本的指挥发展成为劳动过程本身的进行所必要的条件,成为实际的生产条件。现在,在生产场所不能缺少资本家的命令,就像在战场上不能缺少将军的命令一样。

《马克思恩格斯文集》第5卷,人民出版社2009年版,第383—384页

可见,工场手工业的产生方式,它由手工业形成的方式,是二重的。一方面,它以不同种的独立手工业的结合为出发点,这些手工业非独立化和片面化到了这种程度,以致它们在同一个商品的生产过程中成为只是互相补充的局部操作。另一方面,工场手工业以同种手工业者的协作为出发点,它

把这种个人手工业分成各种不同的特殊操作,使之孤立和独立化到这种程度,以致每一种操作成为特殊工人的专门职能。因此,一方面工场手工业在生产过程中引进了分工,或者进一步发展了分工,另一方面它又把过去分开的手工业结合在一起。但是不管它的特殊的出发点如何,它的最终形态总是一样的:一个以人为器官的生产机构。

《马克思恩格斯文集》第5卷,人民出版社2009年版,第392页

单就劳动本身来说,可以把社会生产分为农业、工业等大类,叫做一般的分工;把这些生产大类分为种和亚种,叫做特殊的分工;把工场内部的分工,叫做个别的分工。

《马克思恩格斯文集》第5卷,人民出版社2009年版,第406—407页

在这里,社会分工是由原来不同而又互不依赖的生产领域之间的交换产生的。而在那里,在以生理分工为起点的地方,直接互相联系的整体的各个特殊器官互相分开和分离,——这个分离过程的主要推动力是同其他共同体交换商品,——并且独立起来,以致不同的劳动的联系是以产品作为商品的交换为中介的。在一种场合,原来独立的东西丧失了独立,在另一种场合,原来非独立的东西获得了独立。

《马克思恩格斯文集》第5卷,人民出版社2009年版,第408页

社会内部的分工和工场内部的分工,尽管有许多相似点和联系,但二者不仅有程度上的差别,而且有本质的区别。在一种内在联系把不同的生产部门联结起来的场合,这种相似点无可争辩地表现得最为明显。例如,牧人生产毛皮,皮匠把毛皮转化为皮革,鞋匠把皮革转化为皮靴。在这里,每个人所生产的只是一种中间制品,而最后的完成的形态是他们的特殊劳动的

结合产品。此外,还有供给牧人、皮匠和鞋匠以生产资料的各种劳动部门。有人可能像亚·斯密那样,认为这种社会分工和工场手工业分工的区别只是主观的,也就是说,只是对观察者才存在的,因为观察者在工场手工业分工的场合一眼就可以在空间上看到各种各样局部劳动,而在社会分工的场合,各种局部劳动分散在广大的面上,每个特殊部门都雇用大量的人,因而使这种联系模糊不清。但是,使牧人、皮匠和鞋匠的独立劳动发生联系的是什么呢？那就是他们各自的产品都是作为商品而存在。反过来,工场手工业分工的特点是什么呢？那就是局部工人不生产商品。转化为商品的只是局部工人的共同产品。社会内部的分工以不同劳动部门的产品的买卖为中介;工场手工业内部各局部劳动之间的联系,以不同的劳动力出卖给同一个资本家,而这个资本家把它们作为一个结合劳动力来使用为中介。工场手工业分工以生产资料积聚在一个资本家手中为前提;社会分工则以生产资料分散在许多互不依赖的商品生产者中间为前提。在工场手工业中,保持比例数或比例的铁的规律使一定数量的工人从事一定的职能;而在商品生产者及其生产资料在社会不同劳动部门中的分配上,偶然性和任意性发挥着自己的杂乱无章的作用。诚然,不同的生产领域经常力求保持平衡,一方面因为,每一个商品生产者都必须生产一种使用价值,即满足一种特殊的社会需要,而这种需要的范围在量上是不同的,一种内在联系把各种不同的需要量联结成一个自然的体系;另一方面因为,商品的价值规律决定社会在它所支配的全部劳动时间中能够用多少时间去生产每一种特殊商品。但是不同生产领域的这种保持平衡的经常趋势,只不过是对这种平衡经常遭到破坏的一种反作用。在工场内部的分工中预先地、有计划地起作用的规则,在社会内部的分工中只是在事后作为一种内在的、无声的自然必然性起着作用,这种自然必然性可以在市场价格的晴雨表式的变动中觉察出来,并克服着商品生产者的无规则的任意行动。工场手工业分工的前提是资本家对于只是作为他所拥有的总机构的各个肢体的人们享有绝对的权威;社会分工则使独立的商品生产者互相对立,他们不承认任何别的权威,只承认竞争的权威,只承认他们互相利益的压力加在他们身上的强制,正如在动物界中一切反对一切的战争多少是一切物种的生存条件一样。因此,资产阶级意识一方面称颂工场手工业分工,工人终生固定从事某种局部操作,局部工人绝对服从资本,把这些说成是为提高劳动生产力的劳动组织,同时又同样高声责骂对社会生产过程的任何有意识的社会监督和调节,把这些说成是侵犯资本家个人的不可侵犯的财产权、自由和自决的"独创性"。

《马克思恩格斯文集》第5卷,人民出版社2009年版,第410—413页

整个社会内的分工,不论是否以商品交换为中介,是各种社会经济形态所共有的,而工场手工业分工却完全是资本主义生产方式的独特创造。

《马克思恩格斯文集》第5卷,人民出版社2009年版,第415—416页

分工使劳动的**社会**生产力,或者说,**社会**劳动的生产力获得发展,但这是靠牺牲工人的**一般生产能力**来实现的。所以,**社会生产力**的提高**不是**作为**工人**的劳动的生产力的提高,而是作为支配工人的权力即**资本**的生产力的提高而同工人相对立。

《马克思恩格斯全集》第34卷,人民出版社2008年版,第259页

从某种意义上说,**分工**无非是**并存劳动**,即表现在**不同种类**的产品(或者更确切地说,商品)中的**不同种类**的劳动的并存。在资本主义的意义上,**分工**就是生产某种商品的特殊劳动分为一定数量的简单的、在不同工人之间分配而又相互联系的工序,它以**行业划分**这种社会内部即作坊外部的分工为前提。另一方面,分工又扩大了行业划分。产品本身越片面,它所交换的商品越多样化,表现它的交换价值的使用价值的系列越大,它的市场越大,产品就越能在更充分的意义上作为商品来生产,它的交换价值就越不取决于它作为使用价值的直接存在,并且,它的生产就越不取决于它的生产者

对它的消费,越不取决于它作为它的生产者的使用价值的存在。情况越是这样,产品就越能作为商品来生产,因而也就越能**大量地**进行生产。产品的使用价值对产品生产者无关紧要这一事实,在量上表现于产品生产的总量中,即使生产者同时又是他自己产品的消费者,这个总量同生产者的消费需要也没有任何关系。但是,作坊内部的**分工**是这种**大量生产**的方法之一,因而也是[作为商品的]产品的生产方法之一。因此,作坊内部的分工是以社会内部的行业划分为基础的。

《马克思恩格斯全集》第35卷,人民出版社2013年版,第295—296页

凡是存在着社会规模的分工的地方,局部劳动过程也都成为相互独立的。生产归根到底是决定性的东西。但是,产品贸易一旦离开本来的生产而独立起来,它就循着本身的运动方向运行,这一运动总的说来是受生产运动支配的,但是在单个的情况下和在这个总的隶属关系以内,它毕竟还是循着这个新因素的本性所固有的规律运行的,这个运动有自己的阶段,并且也对生产运动起反作用。

……

货币市场也是如此。货币贸易和商品贸易一分离,它就有了——在生产和商品贸易所决定的一定条件下和在这一范围内——它自己的发展,它自己的本性所决定的特殊规律和独特阶段。此外,货币贸易在这种进一步的发展中扩大到证券贸易,这些证券不仅是国家证券,而且也包括工业和运输业的股票,因而总的说来支配着货币贸易的生产,有一部分就为货币贸易所直接支配,这样货币贸易对于生产的反作用就变得更为厉害而复杂了。

《马克思恩格斯文集》第10卷,人民出版社2009年版,第595—596页

随着分工的发展,劳动产品的任何个人性质都消失了(当劳动只是在形式上从属于资本的时候,这种个人性质还完全有可能存在)。完成的商品是工厂的产品,而工厂本身则是资本存在的方式。

《马克思恩格斯全集》第 47 卷,人民出版社 1979 年版,第 332 页

社会分工是商品经济和资本主义全部发展过程的基础。

《列宁全集》第 3 卷,人民出版社 2013 年版,第 19 页

(二)协作直接创造了一种生产力,这种生产力实质上是集体力

单个工人的力量的机械总和,与许多人同时共同**完成**同一不可分割的操作(抬重物等等)时所发挥的机械**力**,在质上是不同的。协作直接创造了一种生产力,这种生产力实质上是**集体力**。

其次,在大多数生产劳动中,**单是社会接触**就会引起**竞争**,这会提高每个工人的个人生产效率;因此,12 个工人在 144 小时的一个共同工作日中所生产的东西,比 12 个工人在 12 个单独工作日中,或一个工人在连续 12 个工作日中所生产的东西要多。

虽然许多人完成同一或同种劳动,但各个工人的个人劳动仍可代表劳动过程的不同阶段(一队人传递东西),在这里,协作又能节省劳动。一座建筑物同时从各方面开始修建,也是一样。结合的工人或整体的工人等于前前后后都有手有眼,在一定程度上成为万能的了。

在复杂的劳动过程中,协作能把各个过程加以分配,使之同时进行,这样便缩短了生产整个产品的劳动时间。

许多生产部门中都有**紧急时期**,需要许多工人(如收割,捕鲜鱼等),这时只有靠协作。

一方面,协作能**扩大**生产场地,因此对那些具有工作场地的巨大空间连续性的工作来说(排水、筑路、修堤等),协作是必要的。另一方面,协作能

把工人集中在一个地点，**缩小**生产场地，从而减少费用。

在所有这些形式中，协作是结合的工作日的特殊生产力，是劳动的社会生产力。这种生产力来源于协作本身。工人有计划地和他人合作，就打破了他个人的限制，发挥了他种属的能力。

《马克思恩格斯全集》第 16 卷，人民出版社 1964 年版，第 308—309 页

许多人协作，许多力量融合为一个总的力量，用马克思的话来说，就产生“新力量”，这种力量和它的单个力量的总和有本质的差别。

《马克思恩格斯文集》第 9 卷，人民出版社 2009 年版，第 133—134 页

许多人在同一生产过程中，或在不同的但互相联系的生产过程中，有计划地一起协同劳动，这种劳动形式叫做协作。

一个骑兵连的进攻力量或一个步兵团的抵抗力量，与每个骑兵分散展开的进攻力量的总和或每个步兵分散展开的抵抗力量的总和有本质的差别，同样，单个劳动者的力量的机械总和，与许多人手同时共同完成同一不可分割的操作（例如举起重物、转绞车、清除道路上的障碍物等）所发挥的社会力量有本质的差别。在这里，结合劳动的效果要么是单个人劳动根本不可能达到的，要么只能在长得多的时间内，或者只能在很小的规模上达到。这里的问题不仅是通过协作提高了个人生产力，而且是创造了一种生产力，这种生产力本身必然是集体力。

且不说由于许多力量融合为一个总的力量而产生的新力量。在大多数生产劳动中，单是社会接触就会引起竞争心和特有的精力振奋，从而提高每个人的个人工作效率。

《马克思恩格斯文集》第 5 卷，人民出版社 2009 年版，第 378—379 页

尽管许多人同时协同完成同一或同种工作，但是每个人的个人劳动，作为总劳动的一部分，仍可以代表劳动过程本身的不同阶段。由于协作，劳动对象可以更快地通过这些阶段。

《马克思恩格斯文集》第 5 卷，人民出版社 2009 年版，第 379 页

我们所以着重指出，许多互相补充的劳动者做同一或同种工作，是因为这种最简单的共同劳动的形式即使在最发达的协作形态中也起着重大作用。如果劳动过程是复杂的，只要有大量的人共同劳动，就可以把不同的操作分给不同的人，因而可以同时进行这些操作，这样，就可以缩短制造总产品所必要的劳动时间。

《马克思恩格斯文集》第 5 卷，人民出版社 2009 年版，第 380 页

一方面，协作可以扩大劳动的空间范围，因此，某些劳动过程由于劳动对象空间上的联系就需要协作；例如排水、筑堤、灌溉、开凿运河、修筑道路、铺设铁路等等。另一方面，协作可以与生产规模相比相对地在空间上缩小生产领域。在劳动的作用范围扩大的同时劳动空间范围的这种缩小，会节约非生产费用，这种缩小是由劳动者的集结、不同劳动过程的靠拢和生产资料的积聚造成的。

《马克思恩格斯文集》第 5 卷，人民出版社 2009 年版，第 381—382 页

和同样数量的单干的个人工作日的总和比较起来，结合工作日可以生产更多的使用价值，因而可以减少生产一定效用所必要的劳动时间。不论在一定的情况下结合工作日怎样达到生产力的这种提高：是由于提高劳动的机械力，是由于扩大这种力量在空间上的作用范围，是由于与生产规模相比相对地在空间上缩小生产场所，是由于在紧急时期短时间内动用大量劳

动，是由于激发个人的竞争心和集中他们的精力，是由于使许多人的同种作业具有连续性和多面性，是由于同时进行不同的操作，是由于共同使用生产资料而达到节约，是由于使个人劳动具有社会平均劳动的性质，在所有这些情形下，结合工作日的特殊生产力都是劳动的社会生产力或社会劳动的生产力。这种生产力是由协作本身产生的。劳动者在有计划地同别人共同工作中，摆脱了他的个人局限，并发挥出他的种属能力。

《马克思恩格斯文集》第5卷，人民出版社2009年版，第382页

协作作为一种与它自己的进一步的发展阶段或专业划分不同的、并与这些发展阶段相区别、相分离而**存在**的形式，是最原始的、最简单的和最抽象的协作形式，但是就它的简单性、它的简单形式来说，它始终是它的一切较发展的形式的基础和前提。

可见，协作首先是许多工人为生产同一个成果、同一个产品、同一个使用价值（或同一个效用）而实行的直接的——不以**交换**为中介的——**协同行动**。它首先是**许多工人的协同行动**。因此，许多**同时**劳动的**工人在同一个空间**（在一个地方）**的密集**、**聚集**，这是协作的第一个前提，——或者说，它本身已是协作的物质存在。这个前提是它的一切更发展的形式的基础。

显然，下述协作形式是还没有进一步的专业划分的**最简单的**协作形式：工人按上述方式集中在同一地方，同时进行劳动，从事**同一种**操作而不是不同的操作，但是要求他们同时行动，以便能达到一定的结果，或者说在一定的时间内达到这一结果。协作的这一方面在它更发展的形式中也仍然存在。在分工中也是许多人同时干同一种活。在自动工厂尤其是这样。

《马克思恩格斯全集》第47卷，人民出版社1979年版，第291页

我们把协作看作是一种社会劳动的自然力，因为单个工人的劳动通过协作能达到他作为孤立的个人所不能达到的生产率。

例如,如果100个人同时进行收割,那么,每个人只是作为单个人而劳动并且都干同样的活。但是,干草所以能在未腐烂等等以前在这一定时间内被收割掉,即生产出这种使用价值,这只是由于100个人**同时**进行同一劳动的结果。在其他情况下会出现[生产]力的实际增长。例如在重物的提升、装载等等时就是这样。这里产生的力量,不是单个人孤立地所具有的,而是只有在他和其他人**同时**协同动作时才能产生。在第一种情况下[协作并没有引起劳动生产力的实际增长],单个人不可能把自己的活动范围扩展到为取得要求的结果所必须的程度。在第二种情况下[协作使生产力实际增长],单个人根本不可能发挥需要的力量,或者只有在时间上遭受到无限大的损失的情况下才能发挥需要的力量。

在这里[在协作的条件下],10个人把一棵树装上大车所费的时间,不到一个人(如果这种情况是可能的话)达到同样结果所费的时间的十分之一。协作的结果是,通过协作所生产出来的东西,比之同样多的人在同样的时间内分散劳动所生产出来的东西要多,或者说通过协作所生产的使用价值,在另一种情况下是根本不可能生产的。

100个工人通过协作在一天中所干的活,不仅一个单个工人干100天干不了,而且常常100个单个工人干100天也干不了。因此,在这里,通过劳动的社会形式,单个工人的生产力提高了。既然有可能在较少的时间里生产较多的东西,必要的生活资料或者生产这些生活资料所需的条件就能够在较少的时间内生产出来。

《马克思恩格斯全集》第47卷,人民出版社1979年版,第293—294页

活动范围扩大;达到一定结果所需的时间的缩短;最后,产生孤立的工人根本不可能发挥出来的那种生产力,——这一切都是简单协作及其各种更专门的形式的特点。

在简单协作中起作用的只是人力的总合。具有许多眼睛、许多手臂等

等的巨大的怪人代替了只具有一双眼睛等等的个人。由此出现了罗马军队的巨大工程,亚洲和埃及的许多宏伟的公共建筑。凡是由国家支配全国收入的地方,国家就具有推动广大群众的力量。

《马克思恩格斯全集》第47卷,人民出版社1979年版,第295页

简单协作的实质始终是行动的**同时性**,这种行动的同时性所取得的结果,是独自行动的单个工人按时间依次进行他的劳动所根本不可能达到的。

《马克思恩格斯全集》第47卷,人民出版社1979年版,第300页

(三)分工是一种特殊的、有专业划分的、进一步发展的协作形式,是提高劳动生产力的有力手段

受分工制约的不同个人的共同活动产生了一种社会力量,即成倍增长的生产力。

《马克思恩格斯文集》第1卷,人民出版社2009年版,第537—538页

工人之间的分工越来越细了,于是,从前完成整件工作的工人,现在只做这件工作的一部分。这种分工可以使产品生产得更快,因而也更便宜。分工把每个工人的活动变成一种非常简单的、时刻都在重复的机械操作,这种操作利用机器不但能够做得同样出色,甚至还要好得多。

《马克思恩格斯文集》第1卷,人民出版社2009年版,第677页

资产阶级要是不把这些有限的生产资料从个人的生产资料变为**社会化的**即只能由**一批人共同**使用的生产资料,就不能把它们变成强大的生产力。纺纱机、机动织布机和蒸汽锤代替了纺车、手工织布机和手工锻锤;需要成

百上千的人进行协作的工厂代替了小作坊。同生产资料一样,生产本身也从一系列的个人行动变成了一系列的社会行动,而产品也从个人的产品变成了社会的产品。现在工厂所出产的纱、布、金属制品,都是许多工人的共同产品,都必须顺次经过他们的手,然后才变为成品。他们当中没有一个人能够说:这是**我**做的,这是**我的**产品。

《马克思恩格斯文集》第3卷,人民出版社2009年版,第549页

工场手工业是以两种方式产生的。

一种方式是:不同种的独立手工业的工人在同一个资本家的指挥下联合在一个工场里,产品必须经过这些工人之手才能最后制成。例如,马车过去是很多独立手工业者,如马车匠、马具匠、裁缝、钳工、铜匠、旋工、饰绦匠、玻璃匠、彩画匠、油漆匠、描金匠等劳动的总产品。马车工场手工业把所有这些不同的手工业者联合在一个工场内,他们在那里同时协力地进行劳动。当然,一辆马车在制成以前是不能描金的。但是,如果同时制造许多辆马车,那么,当一部分马车还处在生产过程的较早阶段的时候,另一部分马军就可以不断地描金。到此为止,我们的立足点还是简单协作,它在人和物方面的材料都是现成的。但是很快就发生了本质的变化。专门从事马车制造的裁缝、钳工、铜匠等等,逐渐地失去了全面地从事原有手工业的习惯和能力。另一方面,他们的片面活动现在取得了一种最适合于狭隘活动范围的形式。起初,马车工场手工业是作为独立手工业的结合出现的。以后,马车生产逐渐地分成了各种特殊的操作,其中每一种操作都固定为一个工人的专门职能,全部操作由这些局部工人联合体来完成。同样,织物工场手工业以及一系列其他工场手工业,也是由不同的手工业在同一个资本的指挥下结合起来而产生的。

《马克思恩格斯文集》第5卷,人民出版社2009年版,第390—391页

为了正确地理解工场手工业的分工,重要的是把握住下列各点。首先,在这里生产过程分解为各个特殊阶段是同手工业活动分成各种不同的局部操作完全一致的。不管操作是复杂还是简单,它仍然是手工业性质的,因而仍然取决于每个工人使用工具时的力量、熟练、速度和准确。手工业仍旧是基础。这种狭隘的技术基础使生产过程得不到真正科学的分解,因为产品所经过的每一个局部过程都必须能够作为局部的手工业劳动来完成。正因为手工业的熟练仍旧是生产过程的基础,所以每一个工人都只适合于从事一种局部职能,他的劳动力就转化为终身从事这种局部职能的器官。最后,这种分工是特殊种类的协作,它的许多优越性都是由协作的一般性质产生的,而不是由协作的这种特殊形式产生的。

《马克思恩格斯文集》第 5 卷,人民出版社 2009 年版,第 392—393 页

但是,工场手工业也以相反的方式产生。许多从事同一个或同一类工作(例如造纸、铸字或制针)的手工业者,同时在同一个工场里为同一个资本所雇用。这是最简单形式的协作。每个这样的手工业者(可能带一两个帮工)都制造整个商品,因而顺序地完成制造这一商品所需要的各种操作。他仍然按照原有的手工业方式进行劳动。但是外部情况很快促使人们按照另一种方式来利用集中在同一个场所的工人和他们同时进行的劳动。例如,必须在一定期限内提供大量完成的商品这种情况,就是如此。于是劳动有了分工。各种操作不再由同一个手工业者按照时间的先后顺序完成,而是分离开来,孤立起来,在空间上并列在一起,每一种操作分配给一个手工业者,全部操作由协作者同时进行。这种偶然的分工一再重复,显示出它特有的优越性,并渐渐地固定为系统的分工。商品从一个要完成许多种操作的独立手工业者的个人产品,转化为不断地只完成同一种局部操作的各个手工业者的联合体的社会产品。一个德国的行会造纸匠要依次完成的、互相连接的那些操作,在荷兰的造纸手工工场里独立化为许多协作工人同时进行的局部操作。纽伦堡的行会制针匠是英国制针手工工场的基本要素。

但是纽伦堡的一个制针匠要依次完成也许20种操作，而在英国，将近20个制针匠同时进行工作，每一个人只从事20种操作中的一种，后来，这20种操作根据经验又进一步划分、孤立，并独立化为各个工人的专门职能。

《马克思恩格斯文集》第5卷，人民出版社2009年版，第391—392页

构成工场手工业活机构的结合总体工人，完全是由这些片面的局部工人组成的。因此，与独立的手工业比较，在较短时间内能生产出较多的东西，或者说，劳动生产力提高了。在局部劳动独立化为一个人的专门职能之后，局部劳动的方法也就完善起来。经常重复做同一种有限的动作，并把注意力集中在这种有限的动作上，就能够从经验中学会消耗最少的力量达到预期的效果。又因为总是有好几代工人同时在一起生活，在同一些手工工场内共同劳动，所以，这样获得的技术上的诀窍就能巩固、积累并迅速地传下去。

《马克思恩格斯文集》第5卷，人民出版社2009年版，第393—394页

一个在制品的生产中依次完成各个局部过程的手工业者，必须时而变更位置，时而调换工具。由一种操作转到另一种操作会打断他的劳动流程，造成他的工作日中某种空隙。一旦手工业者整天不断地从事同一种操作，这些空隙就会缩小，或者说会随着他的操作变化的减少而趋于消失。在这里，劳动生产率的提高，或者是由于增加了一定时间内劳动力的支出，也就是提高了劳动强度，或者是由于减少了劳动力的非生产耗费。

《马克思恩格斯文集》第5卷，人民出版社2009年版，第395页

工场手工业时期所特有的机器始终是由许多局部工人结合成的总体工人本身。一种商品的生产者顺序完成的、在其全部劳动过程中交织在一起的各种操作，向商品生产者提出各种不同的要求。在一种操作中，他必须使

出较大的体力;在另一种操作中,他必须比较灵巧;在第三种操作中,他必须更加集中注意力,等等;而同一个人不可能在相同的程度上具备这些素质。在各种操作分离、独立和孤立之后,工人就按照他们的特长分开、分类和分组。如果说工人的天赋特性是分工赖以生长的基础,那么工场手工业一经建立,就会使生来只适宜于从事片面的特殊职能的劳动力发展起来。现在总体工人具备了技艺程度相同的一切生产素质,同时能最经济地使用它们,因为他使自己的所有器官个体化而成为特殊的工人或工人小组,各自担任一种专门的职能。局部工人作为总体工人的一个肢体,他的片面性甚至缺陷就成了他的优点。从事片面职能的习惯,使他转化为本能地准确地起作用的器官,而总机构的联系迫使他以机器部件的规则性发生作用。

《马克思恩格斯文集》第5卷,人民出版社2009年版,第404—405页

因为总体工人的各种职能有的比较简单,有的比较复杂,有的比较低级,有的比较高级,所以他的器官,即各个劳动力,需要极不相同的教育程度,从而具有极不相同的价值。因此,工场手工业发展了一种劳动力的等级制度,与此相适应的是工资的等级制度。一方面,单个工人适应于一种片面的职能,终生从事这种职能;另一方面,各种劳动操作,也要适应这种由先天的和后天的技能构成的等级制度。然而,每一个生产过程都需要有一些任何人都能胜任的简单操作。现在,这一类操作也断绝了同内容较充实的活动要素的流动的联系,硬化为专门职能。

《马克思恩格斯文集》第5卷,人民出版社2009年版,第405页

产品从个体生产者的直接产品转化为社会产品,转化为总体工人即结合劳动人员的共同产品。总体工人的各个成员较直接地或者较间接地作用于劳动对象。因此,随着劳动过程的协作性质本身的发展,生产劳动和它的承担者即生产工人的概念也就必然扩大。为了从事生产劳动,现在不一定

要亲自动手;只要成为总体工人的一个器官,完成他所属的某一种职能就够了。上面从物质生产性质本身中得出的关于生产劳动的最初的定义,对于作为整体来看的总体工人始终是正确的。但是,对于总体工人中的每一单个成员来说,它就不再适用了。

《马克思恩格斯文集》第5卷,人民出版社2009年版,第582页

这是**基本形式**;分工以协作为前提或者只是协作的有专业划分的方式。以使用机器为基础的工厂等等也是这样。协作是**一般形式**,这种形式是一切以提高社会劳动生产率为目的的社会组合的基础,并在其中任何一种协作中得到进一步的专业划分。但同时协作本身又是一种与它更发展的、更具有专业划分的形式并存的**特殊**形式(正如它是超出它以前的发展阶段的一种形式一样)。

《马克思恩格斯全集》第47卷,人民出版社1979年版,第290—291页

分工是一种特殊的、有专业划分的、进一步发展的协作形式,是提高劳动生产力,在较短的劳动时间内完成同样的工作,从而缩短再生产劳动能力所必需的劳动时间和延长剩余劳动时间的有力手段。

简单协作是完成**同一**工作的许多工人的联合劳动。分工是生产**同一种商品**的**各个不同**部分的许多工人在一个资本的指挥下的协作,其中商品的每一个特殊部分要求一种特殊的劳动,即特殊的操作,每一个工人或每一组工人,只是完成某种特殊的操作,别的工人完成其他的操作,如此等等。但是这些特殊操作的总体生产**一种商品**,即一定的、特殊的商品;因而,这种商品中体现着这些特殊操作的总体。

《马克思恩格斯全集》第47卷,人民出版社1979年版,第301页

在以这种分工为基础的工场手工业中，由分工所引起的劳动工具的分化、专门化和简化——它们只适合非常简单的操作——是机器发展的工艺的、物质的前提之一，而机器的发展则是使生产方式和生产关系革命化的因素之一。

《马克思恩格斯全集》第47卷，人民出版社1979年版，第411页

要把制造整个产品的某一部分的人类劳动的生产率提高，就必须使这部分的生产专业化，使它成为一种制造大量产品因而可以(而且需要)使用机器等等的专门生产。这是一方面。另一方面，资本主义社会的技术进步表现在劳动社会化上面，而这种社会化必然要求生产过程中的各种职能的专业化，要求把分散的、孤立的、在从事这一生产的每个作坊中各自重复着的职能，变为社会化的、集中在一个新作坊的、以满足整个社会需要为目的的职能。

《列宁全集》第1卷，人民出版社2013年版，第79—80页

资本主义生产使劳动社会化，决不在于人们在一个场所内做工(这只是过程的一小部分)，而在于随着资本集中而来的是社会劳动的专业化，每个工业部门的资本家人数的减少，单独的工业部门数目的增多；就是说，在于许多分散的生产过程融合成一个社会生产过程。例如，在手工纺织时代，小生产者自己纺纱并用它来织布，工业部门并不多(纺纱业和织布业合在一起)。一旦资本主义使生产社会化，单独的工业部门的数目就增加起来，纺纱业单独纺纱，织布业单独织布；这种生产单独化和生产集中使机器制造业、煤炭采掘业等等新部门相继出现。在每个现在已更加专业化的工业部门里，资本家的人数日益减少。这就是说，生产者之间的、社会联系日益加强，生产者在结成一个整体。分散的小生产者各人兼干几种操作，所以不大依赖别人：例如一个手工业者自己种亚麻，自己纺麻和织布，几乎是不依赖别人的。正是在这种分散的小商品生产者的制度下(也只是在这种制度

下)，“人人为自己，上帝为大家”这句俗话，也就是说，市场波动的无政府状态，才是有根据的。当劳动已因资本主义而社会化，情形就完全不同了。织布厂老板依赖纺纱厂老板；后者又依赖种棉花的资本家，依赖机器制造厂老板，依赖煤矿老板等等。结果任何一个资本家离了别的资本家都不行。显然，“人人为自己”这句俗话完全不适用于这样一种制度：这里已经是一人为大家工作，大家为一人工作(上帝已没有立足之地，不管他是作为天空的幻影，还是作为人间的“金犊”)。制度的性质完全变了。在存在分散的小企业的制度下，其中某个企业停工了，只影响社会少数成员，并未造成普遍的混乱，因而不会引起大家的注意，不会激起社会的干涉。可是，如果一个属于非常专业化的工业部门，而且几乎是为全社会工作但又依赖全社会(为简单起见，我以社会化已达顶点时的情形为例)的大企业停工了，那么，社会其余一切企业都一定会停工，因为它们只能从这个企业取得必需的产品，只有有了这个企业的商品，才能实现自己的全部商品。这样，所有的生产就融合成一个社会生产过程，同时每种生产又由资本家各自经营，以他的意愿为转移，把社会产品归他私人所有。

《列宁全集》第 1 卷，人民出版社
2013 年版，第 145—146 页

小商品生产的特征是完全原始的手工技术，这种技术几乎从古至今都没有变动。手工业者仍是按照传统方法对原料进行加工的农民。工场手工业采用了分工，分工使技术有了根本改革，把农民变为工匠，变为“局部工人”。但是，手工生产仍旧保存着，在这种基础上生产方式的进步必然是十分缓慢的。分工是自发地形成的，象农民劳动一样是按照传统学来的。

《列宁全集》第 3 卷，人民出版社
2013 年版，第 499 页

在资本主义社会里，技术和科学的进步意味着榨取血汗的艺术的进步。就拿泰罗著作中的一个例子来说明。

以送去进一步加工的生铁的装车工作来说，旧制度和新的“科学”制度相比较，其情况如下：

	旧制度	新制度
装车的工人人数……	500	140
平均一个工人所装的吨数（每吨等于61普特）……	16	53
工人的平均工资……	2卢布30戈比	3卢布75戈比
每装一吨生铁的厂主开支……	14、4戈比	6、4戈比

资本的开支减少了一半甚至一半以上。利润增加了。资产阶级兴高采烈，对泰罗之流赞不绝口！

开头工人的工资会增加。可是几百个工人被解雇了。谁留下来，谁就要三倍紧张地工作，拼命地工作。资本家把工人的全部精力榨干，然后就把他们赶出工厂。他们只雇用年轻力壮的工人。

他们用一切科学办法榨取血汗……

《列宁全集》第23卷，人民出版社2017年版，第19页

泰罗制——出乎它的创始人的意料，并且违背了他们的本意——正在酝酿着这样一个时代的来临：无产阶级将把全部社会生产掌握在自己手中，指派工人自己的委员会对整个社会劳动进行合理的分配和调整。大生产、机器、铁路、电话——有了这一切就有充分的可能把组织起来的工人的工作时间缩短3/4，保证他们享受的福利为现在的四倍。

《列宁全集》第24卷，人民出版社2017年版，第400页

（四）在机器体系中，大工业具有完全客观的生产机体，机器只有通过直接社会化的或共同的劳动才发生作用

简单的工具，工具的积累，合成的工具；仅仅由人作为动力，即人推动合

成的工具,由自然力推动这些工具;机器;有一个发动机的机器体系;有自动发动机的机器体系——这就是机器发展的进程。

《马克思恩格斯文集》第1卷,人民出版社2009年版,第626页

在某些情况下,一个工业部门的衰落以另一个工业部门的增长来补偿,所以工业的迁移可能看起来只是大规模分工原则的更明确的表现。但是,总的说来,情况并不是这样:工厂制度的发展更倾向于在工业地区和农业地区之间建立分工。例如,英国南方的威尔特、多塞特、萨默塞特、格洛斯特等郡在迅速地失去自己的工业,而北方的兰开夏郡、约克郡、沃里克郡、诺丁汉郡却在加强自己的工业垄断。

《马克思恩格斯全集》第16卷,人民出版社2007年版,第119页

生产方式的变革,在工场手工业中以劳动力为起点,在这里以劳动资料为起点。

所有发达的机器都由三部分组成(1)发动机(2)传动装置(3)工具机。

18世纪的工业革命的起点是工具机。它的特点是:工具或多或少地改变了形式,从人转移到机器上,由机器通过人的作用来推动。至于动力是人力还是自然力,暂时是无关紧要的。其特殊的区别在于,人只能使用他自己的器官,而机器在自身的一定限度内可以需要多少工具就使用多少工具(纺车是1个纱锭;珍妮机是12—18个纱锭)。

在纺车上,工业革命涉及的不是踏板、动力,而是纱锭——最初,人到处还同时是动力和看管者。相反地,工具机的革命,才产生出改善蒸汽机的要求,而且后来也实现了这个要求。

大工业中的机器有两类:或者是1.同种机器的协作(蒸汽织机,信封制造机,这种机器把各种工具结合起来,使一系列局部工人的工作合在一起),由于传动装置和动力的推动,这里已经存在着工艺上的统一;或者是

2.机器体系,即各个局部工作机的结合(纺纱)。工场手工业中的分工是机器体系的自然基础。但是这里一开始就有了一个本质的区别。在工场手工业中,每一个局部过程必须适应工人;而在大工业中,已经没有这种必要了。劳动过程能够客观地分解为各个组成部分,而这些组成部分是由科学或是由基于科学的经验借助机器来完成的。在这里,各组工人之间的数量上的比例作为各组机器之间的比例重现出来。

在这两种场合,工厂形成了一个大自动机(而且只是到了最近,才完善到这个程度),而这就是它的适当的形式,它的最完善的形式就是能制造机器的自动机,这种自动机消灭了大工业的手工业和工场手工业基础,从而使机器生产第一次具备了完善的形式。

各个部门直到各个交通工具的变革之间的联系。

在工场手工业中,工人的结合是主观的,而在这里,却有一个客观的机械的生产机体,它现成地出现在工人面前,它只有在共同劳动的工人的手里才发生作用。劳动过程的协作性质,现在成了工艺上的必要了。

由协作和分工产生的生产力,不费资本分文;自然力,如蒸汽、水,也不费资本分文。科学所发现的力,也是这样。但是,这种力只有借助花费许多钱制造的相应设备,才能加以利用。同样,工作机要比从前的工具贵得多。但是,这种机器的寿命比工具长得多,生产范围也比工具大得多,因此相应地转移到产品中去的价值部分比工具小得多。因此,机器提供的无偿服务(这种服务并不再现在产品的价值中)要比工具大得多。

大工业由于生产集中而使产品便宜的程度,大大超过了工场手工业。

制成的商品的价格表明,机器使产品便宜了许多,由劳动资料转来的价值部分,相对地说是增大了,但绝对地说是减少了。机器的生产率是由它代替人类劳动力的程度来衡量的。例证。

《马克思恩格斯全集》第 21 卷,人民出版社 2003 年版,第 413—415 页只有在劳动对象顺次通过一系列互相联结的不同的阶段过程，而这些过程是由一系列各不相同而又互为补充的工具机来完成的地方，真正的机器体系才代替了各个独立的机器。在这里，工场手工业所特有的以分工为基础的协作又出现了，但这种协作现在表现为各个局部工作机的结合。各种局部工人的专门工具，例如，毛纺织手工工场中的弹毛工、梳毛工、起毛工、纺毛工等等所使用的工具，现在转化为各种专门化的工作机的工具，而每台工作机又在结合的工具机构的体系中成为一个特殊的器官，执行一种特殊的职能。在最先采用机器体系的部门中，工场手工业本身大体上为机器体系对生产过程的划分和组织提供了一个自然基础。但在工场手工业生产和机器生产之间一开始就存在着本质的区别。在工场手工业中，单个的或成组的工人，必须用自己的手工工具来完成每一个特殊的局部过程。如果说工人会适应这个过程，那么这个过程也就事先适应了工人。在机器生产中，这个主观的分工原则消失了。在这里，整个过程是客观地按其本身的性质分解为各个组成阶段，每个局部过程如何完成和各个局部过程如何结合的问题，由力学、化学等等在技术上的应用来解决，当然，在这里也像以前一样，理论的方案需要通过实际经验的大量积累才臻于完善。

《马克思恩格斯文集》第 5 卷，人民
出版社 2009 年版，第 436—437 页

一个机器体系，无论是像织布业那样，以同种工作机的单纯协作为基础，还是像纺纱业那样，以不同种工作机的结合为基础，一旦它由一个自动的原动机来推动，它本身就形成一个大自动机。整个体系可以由例如，蒸汽机来推动，虽然个别工具机在某些动作上还需要工人，例如在采用自动走锭纺纱机以前，走锭纺纱机就需要工人发动，而精纺到现在都还是这样；或者，机器的某些部分必须像工具一样，靠工人操纵才能进行工作，例如，在机器制造上，在滑动刀架还未转化为自动装置以前就是这样。当工作机不需要人的帮助就能完成加工原料所必需的一切运动，而只需要人从旁照料时，我们就有了自动的机器体系，不过，这个机器体系在细节方面还可以不断地改

进。例如,断纱时使纺纱机自动停车的装置,梭中纬纱用完时使改良蒸汽织机立即停车的自动开关,都完全是现代的发明。

《马克思恩格斯文集》第5卷,人民出版社2009年版,第437—438页

通过传动机由一个中央自动机推动的工作机的有组织的体系,是机器生产的最发达的形态。在这里,代替单个机器的是一个庞大的机械怪物,它的躯体充满了整座整座的厂房,它的魔力先是由它的庞大肢体庄重而有节奏的运动掩盖着,然后在它的无数真正工作器官的疯狂的旋转中迸发出来。

《马克思恩格斯文集》第5卷,人民出版社2009年版,第438页

劳动资料取得机器这种物质存在方式,要求以自然力来代替人力,以自觉应用自然科学来代替从经验中得出的成规。在工场手工业中,社会劳动过程的组织纯粹是主观的,是局部工人的结合;在机器体系中,大工业具有完全客观的生产有机体,这个有机体作为现成的物质生产条件出现在工人面前。在简单协作中,甚至在因分工而专业化的协作中,社会化的工人排挤单个的工人还多少是偶然的现象。而机器,除了下面要谈的少数例外,则只有通过直接社会化的或共同的劳动才发生作用。因此,劳动过程的协作性质,现在成了由劳动资料本身的性质所决定的技术上的必要了。

《马克思恩格斯文集》第5卷,人民出版社2009年版,第443页

首先应当指出,机器总是全部地进入劳动过程,始终只是部分地进入价值增殖过程。它加进的价值,决不会大于它由于磨损而平均丧失的价值。因此,机器的价值和机器定期转给产品的价值部分,有很大的差别。作为价值形成要素的机器和作为产品形成要素的机器,有很大的差别。同一机器在同一劳动过程中反复使用的时期越长,这种差别就越大。诚然,我们已经

知道,每一种真正的劳动资料或生产工具,总是全部地进入劳动过程,始终只是根据它每天平均的损耗而部分地进入价值增殖过程。但是,使用和磨损之间的这种差别,在机器上比在工具上大得多,因为机器是由比较坚固的材料制成的,寿命较长;因为机器的使用要遵照严格的科学规律,能够更多地节约它的各个组成部分和它的消费资料的消耗;最后,因为机器的生产范围比工具的生产范围广阔无比。如果我们不算机器和工具二者每天的平均费用,即不算由于它们每天的平均损耗和机油、煤炭等辅助材料的消费而加到产品上的那个价值组成部分,那么,它们的作用是不需要代价的,同未经人类加工就已经存在的自然力完全一样。

《马克思恩格斯文集》第5卷,人民出版社2009年版,第444—445页

机器除了有形损耗以外,还有所谓无形损耗。只要同样结构的机器能够更便宜地再生产出来,或者出现更好的机器同原有的机器相竞争,原有机器的交换价值就会受到损失。在这两种情况下,即使原有的机器还十分年轻和富有生命力,它的价值也不再由实际对象化在其中的劳动时间来决定,而由它本身的再生产或更好的机器的再生产的必要劳动时间来决定了。因此,它或多或少地贬值了。

《马克思恩格斯文集》第5卷,人民出版社2009年版,第465—466页

大工业的原则是,首先不管人的手怎样,把每一个生产过程本身分解成各个构成要素,从而创立了工艺学这门完全现代的科学。社会生产过程的五光十色的、似无联系的和已经固定化的形态,分解成为自然科学的自觉按计划的和为取得预期有用效果而系统分类的应用。工艺学揭示了为数不多的重大的基本运动形式,尽管所使用的工具多么复杂,人体的一切生产活动必然在这些形式中进行,正像机器虽然异常复杂,力学仍会看出它们不过是简单机械力的不断重复一样。现代工业从来不把某一生产过程的现存形式

看成和当作最后的形式。因此,现代工业的技术基础是革命的,而所有以往的生产方式的技术基础本质上是保守的。现代工业通过机器、化学过程和其他方法,使工人的职能和劳动过程的社会结合不断地随着生产的技术基础发生变革。这样,它也同样不断地使社会内部的分工发生革命,不断地把大量资本和大批工人从一个生产部门投到另一个生产部门。因此,大工业的本性决定了劳动的变换、职能的更动和工人的全面流动性。

《马克思恩格斯文集》第5卷,人民出版社2009年版,第559—560页

生产越是以单纯的体力劳动,以使用肌肉力等等为基础,简言之,越是以单个人的肉体紧张和体力劳动为基础,**生产力**的提高就越是依赖于单个人的**大规模的**共同劳动。在半艺术性质的手工业中出现的则是相反的现象:特殊化和个别化,是单个人的但非结合的劳动的技能。资本在其真正的发展中使大规模的劳动同技能结合起来,然而是这样结合的:大规模的劳动丧失自己的体力,而技能则不是存在于工人身上,而是存在于机器中,存在于把人和机器科学地结合起来作为一个整体来发生作用的工厂里。劳动的社会精神在单个工人之外获得了客体的存在。

《马克思恩格斯全集》第30卷,人民出版社1995年版,第526—527页

机器无论从哪一方面都不表现为单个工人的劳动资料。机器的特征决不是像[单个工人的]劳动资料那样,对工人的活动作用于[劳动]对象方面起中介作用;相反地,工人的活动表现为:它只是对机器的运转,机器作用于原材料方面起中介作用——看管机器,防止它发生故障。这和对待工具的情形不一样。工人把工具当作器官,通过自己的技能和活动赋予它以灵魂,因此,掌握工具的能力取决于工人的技艺。相反,机器则代替工人而具有技能和力量,它本身就是能工巧匠,它通过在自身中发生作用的力学规律而具

有自己的灵魂，它为了自身不断运转而消费煤炭、机油等等（辅助材料），就像工人消费食物一样。只限于一种单纯的抽象活动的工人活动，从一切方面来说都是由机器的运转来决定和调节的，而不是相反。科学通过机器的构造驱使那些没有生命的机器肢体有目的地作为自动机来运转，这种科学并不存在于工人的意识中，而是作为异己的力量，作为机器本身的力量，通过机器对工人发生作用。

《马克思恩格斯文集》第 8 卷，人民出版社 2009 年版，第 185 页

过程的所有这三个要素：过程的主体即劳动，劳动的要素即作为劳动作用对象的劳动材料和劳动借以作用的劳动资料，共同组成一个中性结果——**产品**。在这个产品中，劳动借助劳动资料与劳动材料相结合。产品，劳动过程结束时产生的这个中性结果，是一种新的**使用价值**。

《马克思恩格斯全集》第 32 卷，人民出版社 1998 年版，第 65 页

劳动过程是工人从事一定的合乎目的的活动的过程，是他的劳动能力即智力和体力既发生作用、又被支出和消耗的运动（通过这种运动，工人赋予劳动材料以新的形式，因此，这种运动物化在劳动材料中），——不管这种形式变化是化学的，还是机械的；是通过生理过程本身的控制而发生的，还仅仅是对象的位移（它的位置的改变），或者只是对象与地球的联系的分离。因此，当劳动在劳动对象中物化时，它就赋予这个对象以形式，并且把劳动资料作为它的器官进行使用和消费。劳动从活动的形式转入存在的形式，转入对象的形式。劳动在改变对象的同时，改变了它本身的形式。赋予形式的活动消费对象并消费自己本身；它赋予对象以形式，并使自己物化；它在自己的主体形式中作为活动消费自己，并且消费对象的对象性质，也就是说，消除了对象同劳动目的漠不相关的状态。最后，劳动消费劳动资料，在这个过程中，劳动资料也由纯粹的可能性转变为现实性，因为它已成为劳

动的现实传导体,但它因此也会通过它所加入的机械过程或化学过程而在其静止形式上被消耗掉。

《马克思恩格斯全集》第32卷,人民出版社1998年版,第64—65页

机器劳动这一革命因素是直接由于需求超过了用以前的生产手段来满足这种需求的可能性而引起的。而需求超过[供给]这件事本身,是由于还在手工业基础上就已作出的那些发明而产生的,并且是作为在工场手工业占统治地位的时期所建立的殖民体系和在一定程度上由这个体系所创造的世界市场的结果而产生的。一旦生产力发生了革命——这一革命表现在工艺技术方面——,生产关系也就会发生革命。

只要工场手工业使用机器,与之相适应的就是机器制造的手工业方式或以工场手工业分工为基础的机器制造。一旦机器生产成为占统治地位的生产,它的生产资料(它所使用的机器和工具)本身就应当是用机器生产的。

《马克思恩格斯文集》第8卷,人民出版社2009年版,第340—341页

自动工厂是适应机器体系的完善的生产方式,而且它越是成为完备的机械体系,要靠人的劳动来完成的单个过程(如在不使用自动纺纱机的机械纺纱厂中),越少它也就越完善。

机器对以工场手工业**分工**为基础的生产方式,以及对在这种分工基础上的产生的劳动能力的各种专业化来说,是作为否定的东西出现的。机器使这样专业化的劳动能力贬值,这部分地通过使劳动能力变为简单的抽象的劳动能力,部分地是通过在自身基础上建立劳动能力的新的专业化,其特点是工人**被动地从属于**机械本身的运动,工人要完全顺从这种机械的需要和要求。

《马克思恩格斯全集》第37卷,人民出版社2019年版,第147页

机械工厂所代替的是:(1)以分工为基础的工场手工业;(2)独立的手工业企业。

虽然(1)机械工厂用机器代替了由协作造成的力量,**否定了**简单协作,(2)它消灭了以分工为基础的协作或工场手工业,否定了**分工**,但是,在机械工厂本身中既有协作,又有分工。关于协作,无须做任何进一步的解释。需要指出的只是,由于机器体系是机械工厂的物质基础,在这里,简单协作比分工起着更加重要的作用。

《马克思恩格斯全集》第 37 卷,人民出版社 2019 年版,第 148—149 页

(五)科学和技术使执行职能的资本具有一种不以它的一定量为转移的扩张能力,只不过是人的生产力的发展即财富的发展所表现的一个方面

人类所支配的生产力是无穷无尽的。应用资本、劳动和科学就可以使土地的收获量无限地提高。

《马克思恩格斯全集》第 1 卷,人民出版社 1956 年版,第 616 页

随着纺纱部门的革命,必然会发生整个工业的革命。如果说我们不是任何时候都能看清这种发展的力量怎样一步一步地传播到工业体系中完全不相同的部门里去,那末这只能归咎于统计材料和历史材料的缺乏。但是我们到处都会看出,使用机械法和普遍应用科学原理是进步的动力。

《马克思恩格斯全集》第 1 卷,人民出版社 1956 年版,第 671—672 页

劳动的社会力量的日益改进,这种改进是由以下各种因素引起的,即大规模的生产,资本的集中,劳动的联合,分工,机器,生产方法的改良,化学及其他自然因素的应用,靠利用交通和运输工具而达到的时间和空间的缩短,

以及其他各种发明,科学就是靠这些发明来驱使自然力为劳动服务,并且劳动的社会性质或协作性质也是由于这些发明而得以发展起来。

《马克思恩格斯选集》第2卷,人民出版社1972年版,第176页

必须研究自然科学各个部门的循序发展。首先是天文学——游牧民族和农业民族为了定季节,就已经绝对需要它。天文学只有借助于数学才能发展。因此数学也开始发展。——后来,在农业的某一阶段上和在某些地区(埃及的提水灌溉),特别是随着城市和大型建筑物的出现以及手工业的发展,有了力学。不久,力学又成为航海和战争的需要。——力学也需要数学的帮助,因而它又推动了数学的发展。可见,科学的产生和发展一开始就是由生产决定的。

《马克思恩格斯文集》第9卷,人民出版社2009年版,第427页

工艺学揭示出人对自然的能动关系,人的生活的直接生产过程,从而人的社会生活条件和由此产生的精神观念的直接生产过程。

《马克思恩格斯文集》第5卷,人民出版社2009年版,第429页

生产过程的智力同体力劳动相分离,智力转化为资本支配劳动的权力,是在以机器为基础的大工业中完成的。变得空虚了的单个机器工人的局部技巧,在科学面前,在巨大的自然力面前,在社会的群众性劳动面前,作为微不足道的附属品而消失了;科学、巨大的自然力、社会的群众性劳动都体现在机器体系中,并同机器体系一道构成"主人"的权力。

《马克思恩格斯文集》第5卷,人民出版社2009年版,第487页

化学的每一个进步不仅增加有用物质的数量和已知物质的用途,从而随着资本的增长扩大投资领域。同时,它还教人们把生产过程和消费过程中的废料投回到再生产过程的循环中去,从而无须预先支出资本,就能创造新的资本材料。正像只要提高劳动力的紧张程度就能加强对自然财富的利用一样,科学和技术使执行职能的资本具有一种不以它的一定量为转移的扩张能力。同时,这种扩张能力对原资本中已进入更新阶段的那一部分也发生反作用。资本以新的形式无代价地合并了在它的旧形式背后所实现的社会进步。

《马克思恩格斯文集》第5卷,人民出版社 2009 年版,卷第 698—699 页

如果像您所说的,技术在很大程度上依赖于科学状况,那么,科学则在更大得多的程度上依赖于技术的状况和需要。社会一旦有技术上的需要,这种需要就会比十所大学更能把科学推向前进。整个流体静力学(托里拆利等)是由于16世纪和17世纪意大利治理山区河流的需要而产生的。关于电,只是在发现它在技术上的实用价值以后,我们才知道了一些理性的东西。可惜在德国,人们撰写科学史时习惯于把科学看做是从天上掉下来的。

《马克思恩格斯文集》第10卷,人民出版社 2009 年版,第 668 页

科学这种既是观念的财富同时又是实际的财富**的发展**,只不过是**人的生产力的发展**即财富的发展所表现的一个方面,一种形式。

《马克思恩格斯文集》第8卷,人民出版社 2009 年版,第 170 页

自然界没有造出任何机器,没有造出机车、铁路、电报、自动走锭精纺机等等。它们是人的产业劳动的产物,是转化为人的意志驾驭自然界的器官

或者说在自然界实现人的意志的器官的自然物质。它们是**人的手创造出来的人脑的器官**；是对象化的知识力量。固定资本的发展表明，一般社会知识，已经在多么大的程度上变成了**直接的生产力**，从而社会生活过程的条件本身在多么大的程度上受到一般智力的控制并按照这种智力得到改造。它表明，社会生产力已经在多么大的程度上，不仅以知识的形式，而且作为社会实践的直接器官，作为实际生活过程的直接器官被生产出来。

《马克思恩格斯文集》第8卷，人民出版社2009年版，第197—198页

在**固定资本**中，劳动的社会生产力表现为资本固有的属性；**它既包括科学的力量，又包括生产过程中社会力量的结合，最后还包括从直接劳动转移到机器即死的生产力上的技巧**。

《马克思恩格斯文集》第8卷，人民出版社2009年版，第206页

［不变资本的］这种再生产到处都以固定资本、原料和科学力量的作用为前提，而后者既包括科学力量本身，也包括为生产所占有的，并且已经在生产中实现的科学力量。

《马克思恩格斯全集》第31卷，人民出版社1998年版，第166页

［提高劳动生产力的］主要形式是：**协作**、**分工**和**机器**或科学的力量的应用等等。

《马克思恩格斯全集》第32卷，人民出版社1998年版，第288—289页

自然因素的应用——在一定程度上自然因素并入资本——是同**科学**作

为生产过程的独立因素的发展相一致的。生产过程成了**科学的应用**，而科学反过来成了生产过程的因素即所谓职能。每一项发现都成了新的发明或生产方法的新的改进的基础。只有资本主义生产方式才第一次使自然科学为直接的生产过程服务，同时，生产的发展反过来又为从理论上征服自然提供了手段。科学获得的使命是：成为生产财富的手段，成为致富的手段。

《马克思恩格斯文集》第8卷，人民出版社2009年版，第356—357页

自然科学本身[自然科学是一切知识的基础]的发展，也像与生产过程有关的一切知识的发展一样，它本身仍然是在资本主义生产的基础上进行的，这种资本主义生产第一次在相当大的程度上为自然科学创造了进行研究、观察、实验的物质手段。由于自然科学被资本用作致富手段，从而科学本身也成为那些发展科学的人的致富手段，所以，搞科学的人为了探索科学的**实际应用**而互相竞争。另一方面，**发明**成了一种特殊的职业。因此，随着资本主义生产的扩展，**科学因素**第一次被有意识地和广泛地加以发展、应用并体现在生活中，其规模是以往的时代根本想象不到的。

《马克思恩格斯文集》第8卷，人民出版社2009年版，第358—359页

劳动的**社会**生产力，或直接**社会的**、**社会化的**（共同的）劳动的生产力，由于协作、工场内部的分工、**机器**的运用，总之，为了一定的目的而把生产过程转化为自然科学、力学、化学等等的自觉的**运用**，转化为**工艺学**等等的自觉的**运用**，正像与这一切相适应的**大规模劳动**等等一样[只有这种社会化劳动能够把人类发展的**一般**成果，例如数学等，应用到**直接**生产过程中去，另一方面，这些科学的发展又以物质生产过程的一定水平为前提]，与在不同程度上孤立的个人劳动等相对立的**社会化劳动**生产力的这种发展，以及随之而来的**科学**这个社会发展的**一般**成果在**直接生产过程**中的**应用**，——所有这一切都表现为**资本的生产力**，而不表现为劳动的生产力，或者说，只

有在劳动与资本相等同的意义上才表现为劳动的生产力,无论如何既不表现为单个工人的生产力,也不表现为在生产过程中结合起来的工人的生产力。

《马克思恩格斯文集》第8卷,人民出版社2009年版,第505页

技术进步必然引起生产的各部分的专业化、社会化,因而使市场扩大。

《列宁全集》第1卷,人民出版社2013年版,第80页

只有大机器工业才引起急剧的变化,把手工技术远远抛开,在新的合理的基础上改造生产,有系统地将科学成就应用于生产。当资本主义在俄国尚未组织起大机器工业的时候,在那些尚未被资本主义组织起大机器工业的工业部门之内,我们看到技术差不多是完全停滞的,我们看到人们使用着几百年前就已经应用于生产的那种手织机、那种风磨或水磨。相反,在工厂所支配的工业部门中,我们看到彻底的技术改革和机器生产方式的极其迅速的进步。

《列宁全集》第3卷,人民出版社2013年版,第499页

(六)协作这种社会劳动的社会生产力,表现为资本的生产力

我们看到:生产方式和生产资料是如何通过这种方式不断变革,不断革命化的;分工如何必然要引起更进一步的分工;机器的采用如何必然要引起机器的更广泛的采用;大规模的劳动如何必然要引起更大规模的劳动。

《马克思恩格斯文集》第1卷,人民出版社2009年版,第737页

一切规模较大的直接社会劳动或共同劳动,都或多或少地需要指挥,以

协调个人的活动,并执行生产总体的运动——不同于这一总体的独立器官的运动——所产生的各种一般职能。一个单独的提琴手是自己指挥自己,一个乐队就需要一个乐队指挥。一旦从属于资本的劳动成为协作劳动,这种管理、监督和调节的职能就成为资本的职能。这种管理的职能作为资本的特殊职能取得了特殊的性质。

《马克思恩格斯文集》第5卷,人民出版社2009年版,第384页

因此,如果说资本主义的管理就其内容来说是二重的,——因为它所管理的生产过程本身具有二重性:一方面是制造产品的社会劳动过程,另一方面是资本的价值增殖过程,——那么,资本主义的管理就其形式来说是专制的。随着大规模协作的发展,这种专制也发展了自己特有的形式。正如起初当资本家的资本一达到开始真正的资本主义生产所需要的最低限额时,他便摆脱体力劳动一样,现在他把直接和经常监督单个工人和工人小组的职能交给了特种的雇佣工人。正如军队需要军官和军士一样,在同一资本指挥下共同工作的大量工人也需要工业上的军官(经理)和军士(监工),在劳动过程中以资本的名义进行指挥。监督工作固定为他们的专职。政治经济学家在拿独立的农民或独立的手工业者的生产方式同以奴隶制为基础的种植园经济作比较时,把这种监督工作算作非生产费用。相反地,他在考察资本主义生产方式时,却把从共同的劳动过程的性质产生的管理职能,同从这一过程的资本主义的、从而对抗的性质产生的管理职能混为一谈。资本家所以是资本家,并不是因为他是工业的管理者,相反,他所以成为工业的司令官,因为他是资本家。工业上的最高权力成了资本的属性,正像在封建时代,战争中和法庭裁判中的最高权力是地产的属性一样。

《马克思恩格斯文集》第5卷,人民出版社2009年版,第385—386页

虽然协作的简单形态本身表现为同它的更发展的形式并存的特殊形

式，协作仍然是资本主义生产方式的基本形式。

《马克思恩格斯文集》第5卷，人民
出版社2009年版，第389页

正如协作发挥的劳动的社会生产力表现为资本的生产力一样，协作本身表现为同单个的独立劳动者或小业主的生产过程相对立的资本主义生产过程的特有形式。这是实际的劳动过程由于隶属于资本而经受的第一个变化。这种变化是自然发生的。这一变化的前提，即在同一个劳动过程中同时雇用人数较多的雇佣工人，构成资本主义生产的起点。这个起点是和资本本身的存在结合在一起的。因此，一方面，资本主义生产方式表现为劳动过程转化为社会过程的历史必然性，另一方面，劳动过程的这种社会形式表现为资本通过提高劳动过程的生产力来更有利地剥削劳动过程的一种方法。

《马克思恩格斯文集》第5卷，人民
出版社2009年版，第388—389页

在工场手工业中，也和在简单协作中一样，执行职能的劳动体是资本的一种存在形式。由许多单个的局部工人组成的社会生产机构是属于资本家的。因此，由各种劳动的结合所产生的生产力也就表现为资本的生产力。

《马克思恩格斯文集》第5卷，人民
出版社2009年版，第417页

工场手工业分工通过手工业活动的分解，劳动工具的专门化，局部工人的形成以及局部工人在一个总机构中的分组和结合，造成了社会生产过程的质的划分和量的比例，从而创立了社会劳动的一定组织，这样就同时发展了新的、社会的劳动生产力。工场手工业分工作为社会生产过程的特殊的资本主义形式，——它在当时的基础上只能在资本主义的形式中发展起来，——只是生产相对剩余价值即靠牺牲工人来加强资本（人们把它叫做社会财富,“国民财富”等等)自行增殖的一种特殊方法。工场手工业分工不仅只是为资本家而不是为工人发展社会的劳动生产力,而且靠使各个工人畸形化来发展社会劳动生产力。它生产了资本统治劳动的新条件。因此,一方面,它表现为社会经济形成过程中的历史进步和必要的发展因素,另一方面,它表现为文明的和精巧的剥削手段。

《马克思恩格斯文集》第5卷,人民出版社2009年版,第421—422页

有些事情,例如协作、分工、机器的使用,可以增加一个工作日的产品,同时可以在互相连接的生产行为中缩短劳动期间。例如,机器缩短了房屋、桥梁等等的建筑时间;收割机、脱粒机等等缩短了已经成熟的谷物转化为完成的商品所必需的劳动期间。造船技术的改良,提高了船速,从而缩短了航运业投资的周转时间。但是,这些缩短劳动期间,从而缩短流动资本预付时间的改良,通常与固定资本支出的增加联系在一起。另一方面,在某些部门,可以单纯通过协作的扩大而缩短劳动期间;动用庞大的工人大军,从而在许多地点同时施工,就可以缩短一条铁路建成的时间。

《马克思恩格斯文集》第6卷,人民出版社2009年版,第261—262页

在论述协作、分工和机器时,我们已经指出,生产条件的节约(这是大规模生产的特征)本质上是这样产生的:这些条件是作为社会劳动的条件、社会结合的劳动的条件,因而作为劳动的社会条件执行职能的。它们在生产过程中由总体工人共同消费,而不是由一批互相没有联系的,或最多只是在小范围内互相直接协作的工人以分散的形式消费。在一个有一台或两台中央发动机的大工厂内,发动机的费用,不会和发动机的马力,因而不会和发动机的可能的作用范围,按相同的比例增加;传动机的费用,不会和传动机所带动的工作机的数量,按相同的比例增加;工作机机身,也不会和被它用作自己的器官执行职能的工具的数目的增加,按比例变得更贵,等等。其

次,生产资料的集中,可以节省各种建筑物,这不仅指真正的工场,而且也指仓库等等。燃料、照明等等的支出,也是这样。其他生产条件,不管由多少人利用,会仍旧不变。

但是,这种由生产资料的集中及其大规模应用而产生的全部节约,是以工人的聚集和协作,即劳动的社会结合这一重要条件为前提的。因此,如果说剩余价值来源于单独地考察的每一个工人的剩余劳动,那么,这种节约来源于劳动的社会性质。

《马克思恩格斯文集》第7卷,人民出版社2009年版,第93页

但是另一方面,**一个**生产部门,例如铁、煤、机器的生产或建筑业等等的劳动生产力的发展,——这种发展部分地又可以和精神生产领域内的进步,特别是和自然科学及其应用方面的进步联系在一起,——在这里表现为**另一些**产业部门(例如纺织工业或农业)的生产资料的价值减少,从而费用减少的条件。这是不言而喻的,因为商品作为产品从一个产业部门生产出来后,会作为生产资料再进入另一个产业部门。它的便宜程度,取决于它作为产品生产出来的生产部门的劳动生产率,同时它的便宜程度不仅是它作为生产资料参加其生产的那种商品变得便宜的条件,而且也是它构成其要素的那种不变资本的价值减少的条件,因此又是利润率提高的条件。

产业的向前发展所造成的不变资本的这种节约,具有这样的特征:在这里,**一个**产业部门利润率的提高,要归功于**另一个**产业部门劳动生产力的发展。在这里,资本家得到的好处,又是社会劳动的产物,虽然并不是他自己直接剥削的工人的产物。生产力的这种发展,最终总是归结为发挥作用的劳动的社会性质,归结为社会内部的分工,归结为脑力劳动特别是自然科学的发展。在这里,资本家利用的,是整个社会分工制度的优点。

《马克思恩格斯文集》第7卷,人民出版社2009年版,第96页

工人的集中和他们的大规模协作，一方面会节省不变资本。同样的建筑物、取暖设备和照明设备等等用于大规模生产所花的费用，比用于小规模生产相对地说要少。动力机和工作机也是这样。

《马克思恩格斯文集》第7卷，人民出版社2009年版，第96页

工人的结合和协作，使机器的大规模使用、生产资料的集中、生产资料使用上的节约成为可能，而大量的共同劳动在室内进行，并且在那种不是为工人健康着想，而是为便利生产着想的环境下进行，也就是说，大量的工人在同一个工场里集中，一方面是资本家利润增长的源泉，另一方面，如果没有劳动时间的缩短和特别的预防措施作为补偿，也是造成生命和健康浪费的原因。

《马克思恩格斯文集》第7卷，人民出版社2009年版，第106页

社会，即联合起来的单个人，可能拥有修筑道路的剩余时间，但是，只有联合起来才行。联合总是每个人除了他的特殊劳动以外还能用来修筑道路的那部分劳动能力的相加，然而它**不仅仅**是相加。如果说单个人的力量的联合能够增加他们的**生产力**，那这决不是说，他们只要全体加在一起，即使他们不**共同劳动**，就能在数量上拥有这种劳动能力，也就是说，即使他们的劳动能力的总和不加上那种只有通过他们**联合的**、**结合的**劳动才存在的、只有在这种劳动当中才存在的**剩余**，就能在数量上拥有这种劳动能力。因此，在埃及、伊特鲁里亚、印度等地，人们用暴力手段把人民集合起来去从事强制的建筑和强制的公共工程。资本则用**另一种**方式，通过它同自由劳动相交换的方法，来达到这种联合。

《马克思恩格斯全集》第30卷，人民出版社1995年版，第526页

在大规模的生产中,由于劳动的分工和结合,由于一定费用的节约即劳动过程的条件的节约——**在共同劳动**中,**例如取暖设备等等**,**厂房等等**的费用会**保持不变**,**或者减少**——,由于这些原因,生产力自然会提高,这种提高不费资本分文;资本无偿地获得这种提高了的劳动生产力。

《马克思恩格斯全集》第31卷,人民出版社1998年版,第173—174页

正如随着大工业的发展,大工业所依据的基础——占有他人的劳动时间——不再构成或创造财富一样,随着大工业的这种发展,**直接劳动**本身不再是生产的基础,一方面因为直接劳动变成主要是看管和调节的活动,其次也是因为,产品不再是单个直接劳动的产品,相反地,作为生产者出现的,是社会活动的**结合**。

“当分工发达的时候,几乎每个人的劳动都是整体的一部分,**它本身没有任何价值或用处。因此工人不能指任何东西说:这是我的产品,我要留给我自己**。”(〔**托·霍吉斯金**〕《保护劳动[反对资本的要求]》[1825年伦敦版第25页])

在直接的交换中,单个的直接劳动实现在某个特殊的产品或产品的一部分中,而它[单个的直接劳动]的共同的、社会的性质——劳动作为一般劳动的对象化和作为满足一般需求的〔手段的〕性质——只有通过交换才被肯定。相反,在大工业的生产过程中,一方面,发展为自动化过程的劳动资料的生产力要以自然力服从于社会智力为前提,**另一方面,单个人的劳动在它的直接存在中已成为被扬弃的个别劳动,即成为社会劳动**。**于是,这种生产方式的另一个基础也消失了**。

《马克思恩格斯全集》第31卷,人民出版社1998年版,第104—105页

协作所产生的社会生产力是**无偿的**。单个工人,或者确切些说,单个劳动能力是得到报酬的,而且是作为孤立的劳动能力得到的。他们的协作和

由此产生的生产力并没有得到报酬。资本家支付工资给360个工人;但他并没有支付工资给360个工人的协作;因为资本与劳动能力的交换是在资本和单个劳动能力之间进行的。这种交换由后者的交换价值决定,而它的交换价值既不取决于这个劳动能力在某种社会结合下所取得的生产力,也不取决于这样一个事实,即工人劳动和能够劳动的时间超过再生产他的劳动能力所必需的劳动时间。

《马克思恩格斯全集》第32卷,人民出版社1998年版,第295页

协作这种社会劳动生产力,表现为资本的生产力,而不是表现为劳动的生产力。而且这种在资本主义生产内部发生的转换涉及到所有社会劳动生产力。这指的是实际的劳动。

《马克思恩格斯全集》第32卷,人民出版社1998年版,第295页

以这种方式互相分离的、作为这些活的自动机的职能得到实现的过程,正是由于它们的分离和独立而使它们有可能结合起来,使上述各种不同的过程有可能在同一个工场内**同时**进行。分工和结合在这里互为条件。一个商品的总生产过程现在表现为某种结合的操作,许多操作的混合,这些操作互不依赖,但又能够互相补充,能够**同时**并存地进行。在这里,各种不同过程的相互补充不是在将来而是在现在进行了,结果是商品在一端开始生产时在另一端就会获得完成形态。与此同时,由于简化为简单职能的各种不同的操作可以熟练地完成,——除了协作一般所特有的**同时性**以外,**劳动时间也缩短了**,而劳动时间的缩短是所有这些同时进行、互相补充并结合成一个整体的职能都能做到的;因此在同一时间内不仅可以生产更多的**完整的商品**,**完成**更多的商品,而且还会提供**更多**的已经完成的商品。工场通过这种结合转化为一个以单个工人为自己的各个部分的机构。

但是,结合(也就是这样一种意义上的协作,这种协作在分工中已不再

是同一些职能并列进行,或同一些职能的暂时划分,而是把全部职能划分为各个组成部分并把这些不同的组成部分结合在一起)现在存在于两个方面:[从一方面来说,]如果就生产过程本身来说,那么,在作为这种总机构的整个工场中,结合(尽管它事实上无非就是工人协作的一种存在形式,是工人在生产过程中的一种社会活动形式)就是一种同工人对立的外在的、统治工人并控制工人的力量,而这种力量实际上是资本本身的力量和存在形式,每一个单个工人都从属于资本,他们的社会生产关系也属于资本。另一方面,结合存在于又作为属于资本家的商品的完成的产品中。

对于工人本身来说,并不存在行动的结合。相反,结合是每一个工人或者每一组工人所从属的那些片面职能的结合。工人的职能是片面的,是抽象的,是一个部分。这里所构成的整体,其基础正是**工人的**这种**单纯的部分存在**和孤立在个别的职能上的状态。因此,是这样一种结合:工人在这种结合中只是它的某一部分,这种结合的基础是工人的劳动不再成其为结合的劳动。**工人是这种结合的组成部分**。但是,结合不是一种属于工人本身并从属于作为联合者的工人的关系。

《马克思恩格斯全集》第32卷,人民出版社1998年版,第317—318页

通过简单协作和分工来提高生产力,资本家是不费分文的。它们是资本统治下所具有的一定形式的社会劳动的无偿自然力。应用机器,不仅仅是使与单独个人的劳动不同的社会劳动的生产力发挥作用,而且把单纯的自然力——如水、风、蒸汽、电等——变成社会劳动的力量。这里已不用说关于机器的真正工作部分(即直接用机械或化学方法加工原料的部分)中起作用的力学定律的运用了。但是,上述增加生产力,从而[缩短]必要劳动时间的形式的特点在于,所使用的单纯自然力的一部分,在它被使用的这一形式上是劳动产品,例如把水变成蒸汽时就是这样。在动力,例如水,是自然形成的瀑布等等的地方[顺便指出,最能说明问题的是,法国人在18世纪使水产生水平作用,而德国人则总是造成人工落差],把水的运动传到

机器本身的媒介，例如水轮，就是劳动产品。而直接加工原料的机器本身也完全是这样。

因此，机器与工场手工业中的简单协作和分工不同，它是制造出来的生产力。

《马克思恩格斯全集》第32卷，人民出版社1998年版，第366页

……从单个工人的分散条件变为社会的、集中的条件，而这些条件由于在空间和时间上的集中以及由于它们被协作工人**共同**使用，而能**更经济地**利用；能够以这样一种方式被利用，即它们在劳动过程中效能更高，而耗费较少，也就是价值消耗较少，较少进入价值增殖过程。

《马克思恩格斯全集》第37卷，人民出版社2019年版，第144页

大生产——应用机器的大规模协作——第一次使**自然力**，即风、水、蒸汽、电大规模地从属于直接的生产过程，使自然力变成**社会劳动的因素**。（在农业中，在其资本主义前的形式中，人类劳动只不过表现为它所不能控制的自然过程的助手。）这些自然力本身**没有价值**。它们不是人类劳动的产物。但是，只有借助机器才能**占有**自然力，而机器是有价值的，它本身是过去劳动的产物。因此，自然力作为劳动过程的因素，只有借助机器才能占有，并且只有机器的主人才能占有。

由于这些自然因素没有价值，所以，它们进入劳动过程，却并不进入价值增殖过程。它们使劳动具有更高的生产能力，但并不提高**产品的价值**，不增加商品的价值。相反，它们**减少**单个商品〔的价值〕，因为它们增加了**同一劳动时间**内生产的商品**量**，因而减少了这个商品量中每一相应部分的**价值**。只要这些商品参与劳动能力的再生产，劳动力的价值就减少了，或者说，再生产工资所必需的劳动时间就缩短了，而剩余劳动则增加了。可见，资本之所以占有自然力本身，并不是因为它们提高商品价值，而是因为它们

降低商品价值,因为它们进入劳动过程,而并不进入价值增殖过程。只有在大规模地应用机器,从而工人相应地集结,以及这些受资本支配的工人相应地实行协作的地方,才有可能大规模地应用这种自然力。

《马克思恩格斯全集》第 37 卷,人民出版社 2019 年版,第 201—202 页

小生产被大生产代替以后,生产有了许多改进。首先,分散在每个小作坊、每个小业主那里的个体劳动被联合起来的工人在一个工厂、一个土地占有者、一个承包人那里进行的共同劳动所代替。共同劳动比个体劳动要有成效得多(生产效率高得多),生产商品也容易得多,快得多。

《列宁全集》第 2 卷,人民出版社 2013 年版,第 75 页

工厂在某些人看来不过是一个可怕的怪物,其实工厂是资本主义协作的最高形式,它把无产阶级联合了起来,使它纪律化,教它学会组织,使它成为其余一切被剥削劳动群众的首脑。马克思主义是由资本主义训练出来的无产阶级的思想体系,正是马克思主义一贯教导那些不坚定的知识分子把工厂的剥削作用(建筑在饿死的威胁上面的纪律)和工厂的组织作用(建筑在由技术高度发达的生产条件联合起来的共同劳动上面的纪律)区别开来。

《列宁全集》第 3 卷,人民出版社 2013 年版,第 391 页

(七)资本主义生产是最节省物化劳动,即物化在商品中的劳动的。但同时,资本主义生产比其他任何一种生产方式都更加浪费人和活劳动

由于人隶属于机器或由于极端的分工,各种不同的劳动逐渐趋于一致;劳动把人置于次要地位;钟摆成了两个工人相对活动的精确的尺度,就象它是两个机车的速度的尺度一样。所以不应该说,某人的一个工时和另一个

人的一个工时是等值的，更确切的说法是，某人在这一小时中和那个人在同一小时中是等值的。时间就是一切，人不算什么；人至多不过是时间的体现。现在已经不用再谈质量了。只有数量决定一切，时对时，天对天；……

《马克思恩格斯全集》第4卷，人民出版社1958年版，第96—97页

……在目前，使用机器一方面导致联合的、有组织的劳动，另一方面则导致至今存在的一切社会关系和家庭关系的破坏。

《马克思恩格斯全集》第21卷，人民出版社2003年版，第588页

机器不在劳动过程中服务就没有用。不仅如此，它还会受到自然的物质变换的破坏力的影响。铁会生锈，木会腐朽。纱不用来织或编，会成为废棉。活劳动必须抓住这些东西，使它们由死复生，使它们从仅仅是可能的使用价值转化为现实的和起作用的使用价值。它们被劳动的火焰笼罩着，被劳动当作自己的躯体加以同化，被赋予活力以在劳动过程中执行与它们的概念和使命相适合的职能，它们虽然被消费掉，然而是有目的地，作为形成新使用价值，新产品的要素被消费掉，而这些新使用价值，新产品或者可以作为生活资料进入个人消费领域，或者可以作为生产资料进入新的劳动过程。

《马克思恩格斯文集》第5卷，人民出版社2009年版，第214页

在工场手工业中，总体工人从而资本在社会生产力上的富有，是以工人在个人生产力上的贫乏为条件的。

《马克思恩格斯文集》第5卷，人民出版社2009年版，第418页

社会生产资料的节约只是在工厂制度的温和适宜的气候下才成熟起来的,这种节约在资本手中却同时变成了对工人在劳动时的生活条件系统的掠夺,也就是对空间、空气、阳光以及对保护工人在生产过程中人身安全和健康的设备系统的掠夺,至于工人的福利设施就根本谈不上了。傅立叶称工厂为“温和的监狱”难道不对吗?

《马克思恩格斯文集》第5卷,人民出版社2009年版,第491—492页

同机器的资本主义应用不可分离的矛盾和对抗是不存在的,因为这些矛盾和对抗不是从机器本身产生的,而是从机器的资本主义应用产生的!因为机器就其本身来说缩短劳动时间,而它的资本主义应用延长工作日;因为机器本身减轻劳动,而它的资本主义应用提高劳动强度;因为机器本身是人对自然力的胜利,而它的资本主义应用使人受自然力奴役;因为机器本身增加生产者的财富,而它的资本主义应用使生产者变成需要救济的贫民,如此等等,……

《马克思恩格斯文集》第5卷,人民出版社2009年版,第508页

可见,工厂工人人数的增加以投入工厂的总资本在比例上更迅速得多的增加为条件。但是,这个过程只是在工业循环的退潮期和涨潮期内实现。它还经常被技术进步所打断,这种进步有时潜在地代替工人,有时实际地排挤工人。机器生产中这种质的变化,不断地把工人逐出工厂,或者把新的补充人员的队伍拒之门外,而工厂的单纯的量的扩大在把被驱逐的工人吸收进来的同时,还把新的人员吸收进来。工人就这样不断被排斥又被吸引,被赶来赶去,而且被招募来的人的性别、年龄和熟练程度也不断变化。

《马克思恩格斯文集》第5卷,人民出版社2009年版,第523页

由于采用机器生产才系统地实现的生产资料的节约，一开始就同时是对劳动力的最无情的浪费和对劳动发挥作用的正常条件的剥夺，而现在，在一个工业部门中，社会劳动生产力和结合的劳动过程的技术基础越不发达，这种节约就越暴露出它的对抗性的和杀人的一面。

《马克思恩格斯文集》第5卷，人民出版社2009年版，第532页

这种自发进行的工业革命，由于工厂法在所有使用妇女、少年和儿童的工业部门的推行而被人为地加速了。强制规定工作日的长度、休息时间、上下工时间，实行儿童的换班制度，禁止使用一切未满一定年龄的儿童等等，一方面要求采用更多的机器，并用蒸汽代替肌肉充当动力。另一方面，为了从空间上夺回在时间上失去的东西，就要扩充共同使用的生产资料如炉子、厂房等等，一句话，要使生产资料在更大程度上集中起来，并与此相适应，使工人在更大程度上集结起来。每一种受工厂法威胁的工场手工业所一再狂热鼓吹的主要反对论据，实际上不外是：必须支出更大量的资本，才能在旧有规模上继续进行生产。至于说工场手工业和家庭劳动之间的中间形式以及家庭劳动本身，那么，随着工作日和儿童劳动受到限制，它们也就日益失去立足之地。对廉价劳动力的无限制的剥削是它们竞争能力的唯一基础。

《马克思恩格斯文集》第5卷，人民出版社2009年版，第546—547页

工业企业规模的扩大，对于更广泛地组织许多人的总体劳动，对于更广泛地发展这种劳动的物质动力，也就是说，对于使分散的、按习惯进行的生产过程不断地变成社会结合的、用科学处理的生产过程来说，到处都成为起点。

《马克思恩格斯文集》第5卷，人民出版社2009年版，第723—724页

在机器体系中,资本对活劳动的占有从下面这一方面来看也具有直接的现实性:一方面,直接从科学中得出的对力学规律和化学规律的分解和应用,使机器能够完成以前工人完成的同样的劳动。然而,只有在大工业已经达到较高的阶段,一切科学都被用来为资本服务的时候,机器体系才开始在这条道路上发展;另一方面,现有的机器体系本身已经提供大量的手段。在这种情况下,发明就将成为一种职业,而科学在直接生产上的应用本身就成为对科学具有决定性的和推动作用的着眼点。

但是,这并不是机器体系在整体上产生时所经过的道路,更不是机器体系在细节上不断进展时所走过的道路。机器体系的这条道路是分解——通过分工来实现,这种分工把工人的操作逐渐变成机械的操作,而达到一定地步,机器就会代替工人。(关于**力的节省**。)因此,在这里直接表现出来的是一定的劳动方式从工人身上转移到机器形式的资本上,由于这种转移,工人自己的劳动能力就贬值了。由此产生了工人反对机器体系的斗争。过去是活的工人的活动,现在成了机器的活动。所以,带着粗暴情欲同工人对立的是资本对劳动的占有,是"好像害了相思病"似地吞噬活劳动的资本。

《马克思恩格斯文集》第 8 卷,人民出版社 2009 年版,第 195 页

节约劳动时间等于增加自由时间,即增加使个人得到充分发展的时间,而个人的充分发展又作为最大的生产力反作用于劳动生产力。从直接生产过程的角度来看,节约劳动时间可以看作生产**固定资本**,这种固定资本就是人本身。

《马克思恩格斯文集》第 8 卷,人民出版社 2009 年版,第 203 页

资本主义生产——在一定程度上,如果我们撇开流通的全部过程以及在交换价值这一基础上产生的极其复杂的商业和货币交易——是最节省已

实现的**劳动**,即实现在商品中的劳动的。但同时,资本主义生产比其他任何一种生产方式都更加浪费人和活劳动,它不仅浪费人的血和肉,而且浪费人的智慧和神经。实际上,只有通过最大地损害个人的发展,才能在作为人类社会主义结构的序幕的历史时期,取得一般人的发展。

《马克思恩格斯全集》第 32 卷,人民出版社 1998 年版,第 405 页

"机械发明"。它引起"**生产方式**上的改变",并且由此引起生产关系上的改变,因而引起社会关系上的改变,"并且归根到底"引起"工人的**生活方式上**"的改变。

《马克思恩格斯文集》第 8 卷,人民出版社 2009 年版,第 343 页

在作为整体来看的工场手工业中,单个工人构成总体机器的有生命的部分,即构成本身是由人组成的机体的那种工厂的有生命的部分。相反,在机械工厂(即在这里所考察的发展为机器体系的工厂)中,人是那个以机器形式存在于人之外的总机体的有生命的附件,是自动的机器体系的有生命的附件。但是,总的机器体系是由各个机器组成的,每个机器都是这个体系的一部分。人们在这里只不过是没有意识的、动作单调的机器体系的有生命的附件,有意识的附属物。

《马克思恩格斯全集》第 37 卷,人民出版社 2019 年版,第 155 页

事实上,协作中劳动的**社会**统一,分工中的结合,自然力和科学的运用,表现为**机器**的劳动产品的运用,——所有这一切,都作为**异己的**、**物的**、没有工人参与而且往往排斥这种参与的**预先存在的**东西,单纯作为不依赖于工人而支配着工人的**劳动资料**的存在形式,同单个工人相对立,因为它们是**物质的**,又是资本家或其助手(代表)所体现的总工厂的意识和意志,尽管它

们是工人的结合本身的产物,但表现为存在于资本家身上的资本的**职能**。

《马克思恩格斯全集》第 49,人民出版社 1982 年版,卷第 116 页

机器工业所以是资本主义社会中的一大进步,不仅因为它大大提高了生产力和使整个社会的劳动社会化,而且还因为它破坏了工场手工业的分工,使工人必须交换工作,彻底破坏了落后的宗法关系,特别是农村中的宗法关系,并且由于上述原因和工业人口的集中,极其有力地推动了社会前进。

《列宁全集》第 2 卷,人民出版社 2013 年版,第 155—156 页

第八章　商品经济是以交换为特征的经济循环系统

一、导　语

再生产理论是马克思主义经济学的重要组成部分。马克思在研究资本主义再生产过程时,虽没有明确提出但实际上已经把社会经济当作一个互相联系的辩证统一系统来研究了。按照马克思主义关于社会再生产的基本原理,任何社会的再生产过程,都是由生产、分配、交换、消费等四个环节有机组成的辩证统一体,如果把整个经济活动看成一个大系统的话,生产、分配、交换、消费这四个环节就是组成这个大系统的子系统。他们之间的相互关系不是谁完全决定谁的关系,而是互相依存、互相影响、互为条件、互相制约的动态协调平衡关系。按照这一原理,在商品经济社会里,建立在价值规律基础上的商品等价交换是这个经济循环系统的基本特征。

对生产、分配、交换、消费这四个子系统之间的相互关系及其对整个经济活动大系统的影响,我们可以从以下几个方面来分析与理解。

其一,生产与消费之间是对立统一的关系,二者之间互相依存、互为媒介。生产和消费并非各自处于对方之外。生产是物质资料的生产过程,也是劳动力和生产资料的消费过程,即主体的消费和客体的消费。这样,生产要素对于它的要素劳动力和生产资料来说,也是一种消费过程。消费,是生活资料的个人消费过程,同时也是人体生产过程,消费也是生产。生产与消费每一方都必须以对方的存在为前提:生产为消费创造对象,才使消费成为可能;消费为生产提供消费者,才使产品价值得以最后实现。因此,没有生产就没有消费,没有消费也就没有生产。

其二,分配与生产、分配与交换之间的关系也是辩证统一的。产品在生产出来后,必须通过分配和交换才能进入消费,因而分配是联系生产与消费的中介。生产一定要先于分配而存在,否则分配便失掉了物质基础和分配的对象。所以分配不能决定生产也不能先于生产。但是分配对生产也有反作用,它可以促进或延缓生产的发展。在商品经济条件下,产品的分配只能采取货币、价值的形式,通过商品交换来实现。因而,分配只是决定消费者占有产品的比例,不可能直接涉及到可供消费的物质对象。要实现产品的最终消费,实现生产目的,还要经过另一个中间环节——交换。

其三,交换与生产、分配、消费之间的关系也是互相制约和影响的。首先交换与生产的关系体现在:一般情况下是生产决定着交换,但在特殊情况下交换也能制约生产。就生产决定交换而言:第一,生产的社会分工是交换产生与发展的前提;第二,社会生产方式的性质决定交换的性质;第三,生产发展的规模与结构决定交换的深度与广度。就交换对生产的制约而言:第一,交换对生产发展的规模与速度有重大的影响,生产越发展,它对交换的依赖程度也越大;第二,在商品经济条件下,交换使社会生产得以实现并继续;第三,交换能够促进社会分工,促进生产专业化从而加速生产力的发展。其次,交换与分配的关系是互相制约与影响的关系。二者都是社会再生产中的中介环节,它们之间的影响主要有两点:一是分配制约交换:社会物质的分配状况制约着商品交换的数量与结构,国民收入分配与再分配中的比例关系制约着商品需求;二是交换影响分配:在商品经济条件下,分配只能借助货币通过交换来进行和实现。最后,交换与消费的关系是互相依存的对立统一关系。一般情况下是消费决定交换,主要表现是:第一,在一定生产条件下的消费需要决定着交换,如果没有人们对生产资料和生活资料的需要,交换就不会发生;第二,消费的规模和结构决定着交换的规模和结构。交换对消费也有重要的、有时是决定性的反作用。这是因为:第一,在商品经济条件下,无论是生产资料还是生活资料,都必须通过交换才能进入消费;第二,交换的发达程度直接影响消费需要的满足程度。

其四,社会再生产过程体现出来的分配关系、交换关系与消费关系只能建立在一定的生产关系之上。因为在商品经济中,生产一经完成,生产者对产品的关系就成了一种外在的关系。生产者生产的产品,能否以一定形式回到自己手里,不由生产者个人决定而由社会规律来决定,这个社会规律就是由生产关系决定的分配关系和交换关系。生产者创造出来的产品是否归他所有,决定于他是否是生产资料的所有者,所以,作为商品的生产者并不就是他所生产的产品的消费者。生产者本人和其它的消费者在产品的分配中占有的份额,取决于社会规律所提供的分配比例。生产关系决定分配关系包含以下几个内容:首先,生产资料所有制决定了生产条件本身在社会经济中的分配结果,这一结果决定了社会各阶级在生产中所处的地位不同,由此产生出来的消费品分配也不同,因而分配关系的性质是由生产关系的性质决定的。在资本主义制度下,生产资料归资本家所有,工人除劳动力以外一无所有,资本主义的分配关系就体现为资产阶级对工人阶级的剥削关系。其次,不同的生产关系形成了人们在分配中占有比例的不同和需求层次的不同。再次,生产的方式和方法决定着分配的方式和方法,生产的数量和结构决定着分配的数量和结构。在商品经济条件下,分配还需通过交换来实现并到达消费,消费的数量和结构、消费的方式和方法都是由生产关系决定并通过分配与交换实现。分配关系背后体现的是人与人之间的关系,在资本主义制度下就是资本与雇佣劳动之间的关系,分配关系在由生产关系决定的同时也反作用于生产关系,在一定的历史条件下甚至能起决定作用。商品经济中生产关系与分配关系反映人与人之间的关系的这种特殊性是社会发展到一定历史阶段的产物,它随着商品经济的产生而产生,也将随着商品经济的消亡而消亡。

从以上分析可以看出:正是生产、分配、交换、消费这四个子系统之间在循环过程中的动态平衡和协调才使得整个社会再生产过程得以顺利进行,这是人类社会共有的经济规律。在商品经济条件下,建立在价值规律基础上的交换就体现为这一循环系统的基本特征。价值规律是马克思主义经济学的主要规律之一,它的内容是:社会必要劳动时间决定商品价值量,商品按照等价互利的原则进行交换。对此,我们可以从以下几方面理解:

其一,商品是商品经济社会里最基本的构成元素,它具有价值和使用价值二重性。商品的使用价值就是它的有用性,商品的价值则是包含在商品里的人类劳动的凝结。不同使用价值的商品可以按一定的比例交换,说明各种商品中会有某种同质的东西和共同点,可以用来相互比较,这个同质的东西就是劳动。一切商品都是劳动产品,都有商品生产者的劳动凝结在里面,这就是它们的共同点。它们都是人类劳动能力的耗费,从这个意义上讲,它们都是无差别的人类劳动,商品价值是由体现在商品中的劳动量决定的,而劳动量又是由劳动时间决定的。生产同一种商品,各个商品生产者所耗费的劳动时间必然是不等的,商品的价值量不是由个别劳动时间决定,而是由社会必要劳动时间决定的。从价值的角度看,商品仅仅是一定数量的凝结了的劳动时间。

其二,商品的价值量由生产商品的社会必要劳动时间决定,如果生产商品的社会必要劳动时间不变,商品的价值量也不变;社会必要劳动时间变了,商品的价值量也就随之改变。生产商品的社会必要劳动时间是随着劳动生产率的变化而变化的。决定劳动生产率的主要因素是:(1)劳动者劳动技能的熟练程度;(2)科学技术的发展水平和它在工艺上的应用程度;(3)生产组织和劳动组织的形式;(4)生产资料的规模和效能;(5)自然条件。商品的价值量与劳动生产率成反比例,劳动生产率愈高,单位商品中包含的社会必要劳动时间愈少,单位产品的价值量也愈少。

其三,商品是用来交换的劳动产品,商品生产者的个别劳动具有社会劳动的性质,但只有当他的产品在市场上实现了同其他商品的交换的时候,他的劳动才算真正被承认为社会劳动。如果产品在市场上卖不出去,个别劳动就无法转化为社会劳动,也没有被承认为是无差别的人类劳动即抽象劳动。这样、产品不仅失去了社会使用价值的意义,而且也不能实现它的价值。

其四,建立在价值规律上的交换过程引起了商品形态变化的两个相反的运动阶段,组成一个循环:商品形式,商品形式的复归。这全部过程就表现为商品流通。商品流通过程的形态包括:第一,商品的交换过程就是商品内部使用价值和价值的矛盾运动过程。货币的出现,并没有消除使用价值和价值的矛盾,而只为这种矛盾的解决创造了适当的方式 W—G—W 和实际解决办法。第二,商品的第一形态变化 W—G(卖)。商品所有者的商品是为交换而生产的,必须先卖出去,才能用所得的货币购买回需要的商品。但商品出售是很不容易的,如同惊险的跳跃。因为在私有制和社会分工的条件下,商品生产者不可能按社会需要有计划地组织生产,于是商品就有卖不出去的危险。第三,商品的第二形态变化 G—W(买)。简单商品所有者是为买而卖的,卖掉商品以后还要购买。但不一定每次卖和买都必须互相平衡,他可以大批的卖,分期分批的买;也可以分期分批地卖,然后再大批的买。第四,商品的总形态变化 W—G—W。一个商品的总形态变化,由卖(W—G)和买(G—W)两个阶段组成,商品所有者先当卖者后当买者。一个商品的总形态变化,在其最简单的形式上,包含四个极(商品—货币,货币—商品)和三个登场人物(先是商品所有者和货币所有者对立,然后是商品所有者以出卖商品所得货币向第三者购买自己需要的商品)。一个商品的总形态变化,总是同其他商品的总形态变化交错在一起,这个会部过程表现为商品流通。商品流通不仅在形式(W—G—W)上,而且在实质上区别于物物直接交换(W—W)。它打破了物物直接交换的个人和地区限制,使商品交换的品种、数量、地区和范围扩大,在时间和空间上分离开来;它改变了物物直接交换时的那种一目了然和容易控制的情况,使交换过程愈来愈错综复杂和难以了解、控制;交换结束后,商品退出流通过程,货币还在继续流通,从而使流通过程成为一个不断运动的过程。第五,商品流通过程包含着危机的可能性。有卖必有买,卖和买之间存在着统一性。但这种统一性是有条件的,而不是无条件的。如果有人出卖商品以后不当即购买,或者此地出卖彼地购买,就会造成卖和买的不平衡。这种不平衡发展到一定程度,就要通过爆发危机来加以解决。

商品流通的运动公式 W—G—W 还决定着货币流通,货币之所以要流通,是因为各种商品在交换中需要以它来表现自己的价值。货币在流通过程中的不断反复交换位置,反映整个商品界的无数形态变化的交错联系。总之,所有内在的使用价值与价值的对立,个别劳动同时必须表现为直接社会劳动的对立、特殊的具体劳动同时只作抽象的一般劳动的对立、物的人格化和人格的物化的对立,在商品形态变化的对立运动中取得了商品和货币的对立、卖和买的对立、卖主和买主的对立等外部对立的形式。这些对立形式包含着危机的可能性,但只有在资本主义条件下才能变为现实。

价值规律以及与其相联系的商品流通过程中反映出来的内部使用价值与价值之间在实现过程中的对立与统一,从理论上证明了社会再生产过程中生产、分配、交换、消费四个子系统之间相互依存与制约的关系。马克思主义经典作家对以交换为特征的经济循环系统进行分析,自觉或不自觉的将系统科学思想应用得很纯熟。生产、分配、交换与消费的循环性与平衡性;商品经济的自动调节与组织;经济危机对商品的破坏作用所引起的无序化状态,都表明商品经济是以交换和系统性作为活动方式的经济结构。学习马克思主义经典作家关于商品交换的论述,对研究社会主义商品经济的运动规律,组织和管理现代化大生产,都具有重大意义。

二、摘　编

(一)生产、分配、交换、消费构成一个总体的各个环节,一个统一体内部的差别

生产直接也是消费。双重的消费,主体的和客体的。[第一,]个人在生产过程中发展自己的能力,也在生产行为中支出、消耗这种能力,这同自然的生殖是生命力的一种消耗完全一样。第二,生产资料的消费,生产资料被使用、被消耗、一部分(如在燃烧中)重新分解为一般元素。原料的消费也是这样,原料不再保持自己的自然形状和自然特性,而是丧失了这种形状

和特性。因此,生产行为本身就它的一切要素来说也是消费行为。

《马克思恩格斯文集》第8卷,人民出版社2009年版,第14页

可见,生产直接是消费,消费直接是生产。每一方直接是它的对方。可是同时在两者之间存在着一种中介运动。生产中介着消费,它创造出消费的材料,没有生产,消费就没有对象。但是消费也中介着生产,因为正是消费替产品创造了主体,产品对这个主体才是产品。产品在消费中才得到最后完成。一条铁路,如果没有通车、不被磨损、不被消费,它只是可能性的铁路,不是现实的铁路。没有生产,就没有消费;但是,没有消费,也就没有生产,因为如果没有消费,生产就没有目的。消费从两方面生产着生产:

(1)因为产品只是在消费中才成为现实的产品,例如,一件衣服由于穿的行为才现实地成为衣服;一间房屋无人居住,事实上就不成其为现实的房屋;因此,产品不同于单纯的自然对象,它在消费中才证实自己是产品,**才成为**产品。消费是在把产品消灭的时候才使产品最后完成,因为产品之所以是产品,不是它作为物化了的活动,而只是作为活动着的主体的对象。

(2)因为消费创造出**新的**生产的需要,因而创造出生产的观念上的内在动机,后者是生产的前提。消费创造出生产的动力;它也创造出在生产中作为决定目的的东西而发生作用的对象。如果说,生产在外部提供消费的对象是显而易见的,那么,同样显而易见的是,消费在**观念上提出**生产的对象,把它作为内心的图像、作为需要、作为动力和目的提出来。消费创造出还是在主观形式上的生产对象。没有需要,就没有生产。而消费则把需要再生产出来。

《马克思恩格斯文集》第8卷,人民出版社2009年版,第15页

分配的结构完全决定于生产的结构。分配本身是生产的产物,不仅就

对象说是如此,而且就形式说也是如此。

《马克思恩格斯文集》第8卷,人民出版社2009年版,第19页

流通本身只是交换的一定要素,或者也是从交换总体上看的交换。

既然**交换**只是生产和由生产决定的分配一方同消费一方之间的中介要素,而消费本身又表现为生产的一个要素,交换显然也就作为生产的要素包含在生产之内。

第一,很明显,在生产本身中发生的各种活动和各种能力的交换,直接属于生产,并且从本质上组成生产。第二,这同样适用于产品交换,只要产品交换是用来制造供直接消费的成品的手段。在这个限度内,交换本身是包含在生产之中的行为。第三,所谓实业家之间的交换,不仅从它的组织方面看完全决定于生产,而且本身也是生产活动。只有在最后阶段上,当产品直接为了消费而交换的时候,交换才表现为独立于生产之旁,与生产漠不相干。

《马克思恩格斯文集》第8卷,人民出版社2009年版,第22—23页

消费资料的任何一种分配,都不过是生产条件本身分配的结果。而生产条件的分配,则表现生产方式本身的性质。例如,资本主义生产方式的基础是:生产的物质条件以资本和地产的形式掌握在非劳动者的手中,而人民大众所有的只是生产的人身条件,即劳动力。既然生产的要素是这样分配的,那么自然就产生现在这样的消费资料的分配。如果生产的物质条件是劳动者自己的集体财产,那么同样要产生一种和现在不同的消费资料的分配。

《马克思恩格斯文集》第3卷,人民出版社2009年版,第436页

生产和交换是两种不同的职能。没有交换，生产也能进行；没有生产，交换——正因为它一开始就是产品的交换——便不能发生。这两种社会职能的每一种都处于多半是特殊的外界作用的影响之下，所以都有多半是各自的特殊的规律。但是另一方面，这两种职能在每一瞬间都互相制约，并且互相影响，以致它们可以叫做经济曲线的横坐标和纵坐标。

《马克思恩格斯文集》第9卷，人民出版社2009年版，第153页

可是分配并不仅仅是生产和交换的消极的产物；它反过来也影响生产和交换。每一种新的生产方式或交换形式，在一开始的时候都不仅受到旧的形式以及与之相适应的政治设施的阻碍，而且也受到旧的分配方式的阻碍。新的生产方式和交换形式必须经过长期的斗争才能取得和自己相适应的分配。但是，某种生产方式和交换方式越是活跃，越是具有成长和发展的能力，分配也就越快地达到超过它的母体的阶段，达到同当时的生产方式和交换方式发生冲突的阶段。

《马克思恩格斯文集》第9卷，人民出版社2009年版，第155页

生产制造出适合需要的对象；分配依照社会规律把它们分配；交换依照个人需要把已经分配的东西再分配；最后，在消费中，产品脱离这种社会运动，直接变成个人需要的对象和仆役，供个人享受而满足个人需要。因而，生产表现为起点，消费表现为终点，分配和交换表现为中间环节，这中间环节又是二重的，分配被规定为从社会出发的要素，交换被规定为从个人出发的要素。在生产中，人客体化，在消费中，物主体化；在分配中，社会以一般的、占统治地位的规定的形式，担任生产和消费之间的中介；在交换中，生产和消费由个人的偶然的规定性来中介。

《马克思恩格斯文集》第8卷，人民出版社2009年版，第12—13页

饥饿总是饥饿，但是用刀叉吃熟肉来解除的饥饿不同于用手、指甲和牙齿啃生肉来解除的饥饿。因此，不仅消费的对象，而且消费的方式，不仅在客体方面，而且在主体方面，都是生产所生产的。所以，生产创造消费者。

《马克思恩格斯文集》第8卷，人民出版社2009年版，第16页

分配的结构完全决定于生产的结构。分配本身是生产的产物，不仅就对象说是如此，而且就形式说也是如此。就对象说，能分配的只是生产的成果，就形式说，参与生产的一定方式决定分配的特定形式，决定参与分配的形式。

《马克思恩格斯文集》第8卷，人民出版社2009年版，第19页

社会生产一经进入交替发生膨胀和收缩的运动，也会不断地重复这种运动。而结果又会成为原因，于是不断地再生产出自身条件的整个过程的阶段变换就采取周期性的形式。

《马克思恩格斯文集》第5卷，人民出版社2009年版，第730页

分配关系本质上和生产关系是同一的，是生产关系的反面，所以二者共有同样的历史的暂时的性质。

《马克思恩格斯文集》第7卷，人民出版社2009年版，第994页

我们得到的结论并不是说，生产、分配、交换、消费是同一的东西，而是说，它们构成一个总体的各个环节、一个统一体内部的差别。生产既支配着与其他要素相对而言的生产自身，也支配着其他要素。过程总是从

生产重新开始。交换和消费不能是起支配作用的东西,这是不言而喻的。分配,作为产品的分配,也是这样。而作为生产要素的分配,它本身就是生产的一个要素。因此,一定的生产决定一定的消费、分配、交换和**这些不同要素相互间的一定关系**。当然,生产**就其单方面形式来说**也决定于其他要素。例如,当市场扩大,即交换范围扩大时,生产的规模也就增大,生产也就分得更细。随着分配的变动,例如,随着资本的集中,随着城乡人口的不同的分配等等,生产也就发生变动。最后,消费的需要决定着生产。不同要素之间存在着相互作用。每一个有机整体都是这样。

《马克思恩格斯文集》第 8 卷,人民出版社 2009 年版,第 23 页

商品不能自己到市场去,不能自己去交换。因此,我们必须找寻它的监护人,商品所有者。商品是物,所以不能反抗人。如果它不乐意,人可以使用强力,换句话说,把它拿走。为了使这些物作为商品彼此发生关系,商品监护人必须作为有自己的意志体现在这些物中的人彼此发生系,因此,一方只有符合另一方的意志,就是说每一方只有通过双方共同一致的意志行为,才能让渡自己的商品,占有别人的商品。可见,他们必须彼此承认对方是私有者。这种具有契约形式的(不管这种契约是不是用法律固定下来的)法权关系,是一种反映着经济关系的意志关系。这种法权关系或意志关系的内容是由这种经济关系本身决定的。在这里,人们彼此只是作为商品的代表即商品所有者而存在。在研究进程中我们会看到,人们扮演的经济角色不过是经济关系的人格化,人们是作为这种关系的承担者而彼此对立着的。

《马克思恩格斯文集》第 5 卷,人民出版社 2009 年版,第 103—104 页

一切产品和活动转化为交换价值,既要以生产中人的(历史的)一切固

定的依赖关系的解体为前提,又要以生产者互相间的全面的依赖为前提。每个人的生产,依赖于其他一切人的生产;同样,他的产品转化为他本人的生活资料,也要依赖于其他一切人的消费。

《马克思恩格斯文集》第8卷,人民出版社2009年版,第50页

应当把商品交换提到首要地位,把它作为新经济政策的主要杠杆。如果不在工业和农业之间实行系统的商品交换或产品交换,无产阶级和农民就不可能建立正常的关系,就不可能在从资本主义到社会主义的过渡时期建立十分巩固的经济联盟。

《列宁全集》第41卷,人民出版社2017年版,第333页

(二)一个社会不能停止消费,它也不能停止生产,一定的分配关系只是历史规定的生产关系的表现

分配就其决定性的特点而言,总是某一个社会的生产关系和交换关系以及这个社会的历史前提的必然结果,只要我们知道了这些关系和前提,我们就可以确切地推断这个社会中占支配地位的分配方式。

《马克思恩格斯文集》第9卷,人民出版社2009年版,第160页

不管生产过程的社会形式怎样,生产过程必须是连续不断的,或者说,必须周而复始地经过同样一些阶段。一个社会不能停止消费,同样,它也不能停止生产。因此,每一个社会生产过程,从经常的联系和它不断更新来看,同时也就是再生产过程。

《马克思恩格斯文集》第5卷,人民出版社2009年版,第653页

在任何一种社会生产(例如,自然发生的印度公社的社会生产,或秘鲁人的多半是人为发展起来的共产主义的社会生产)中,总是能够区分出劳动的两个部分,一个部分的产品直接由生产者及其家属用于个人的消费,另一个部分即始终是剩余劳动的那个部分的产品,总是用来满足一般的社会需要,而不问这种剩余产品怎样分配,也不问谁执行这种社会需要的代表的职能。在这里我们撇开用于生产消费的部分不说。这样,不同分配方式的同一性就归结到一点:如果我们把它们的区别和特殊形式抽掉,只抓住同它们的区别相对立的一致,它们就是同一的。

《马克思恩格斯文集》第7卷,人民出版社2009年版,第993—994页

一定的分配形式是以生产条件的一定的社会性质和生产当事人之间的一定的社会关系为前提的。因此,一定的分配关系只是历史地规定的生产关系的表现。

《马克思恩格斯文集》第7卷,人民出版社2009年版,第998页

……所谓的分配关系,是同生产过程的历史地规定的特殊社会形式,以及人们在他们的人类生活的再生产过程中互相所处的关系相适应的,并且是由这些形式和关系产生的。这些分配关系的历史性质就是生产关系的历史性质,分配关系不过表现生产关系的一个方面。

《马克思恩格斯文集》第7卷,人民出版社2009年版,第999—1000页

在人们的生产力发展的一定状况下,就会有一定的交换〔commerce〕和消费形式。在生产、交换和消费发展的一定阶段上,就会有相应的社会制度形式、相应的家庭、等级或阶级组织,一句话,就会有相应的市民社会。有一定的市民社会,就会有不过是市民社会的正式表现的相应的政

治国家。

《马克思恩格斯文集》第10卷，人民出版社2009年版，第42—43页

……**交换**或**物物交换**是社会的、类的行为，社会联系，社会交往和人在**私有权**范围内的联合，因而是外部的、**外化的**、类的行为。正因为这样，它才表现为**物物交换**。因此，它同时也是同社会关系的对立。

《马克思恩格斯全集》第42卷，人民出版社1979年版，第27页

无论我们把生产和消费看作一个主体的活动或者许多个人的活动，它们总是表现为一个过程的两个要素，在这个过程中，生产是实际的起点，因而也是起支配作用的要素。消费，作为必需，作为需要，本身就是生产活动的一个内在要素。但是生产活动是实现的起点，因而也是实现的起支配作用的要素，是整个过程借以重新进行的行为。个人生产出一个对象和通过消费这个对象返回自身，然而，他是作为生产的个人和把自己再生产的个人。所以，消费表现为生产的要素。

但是，在社会中，产品一经完成，生产者对产品的关系就是一种外在的关系，产品回到主体，取决于主体对其他个人的关系。他不是直接获得产品。如果说他是在社会中生产，那么直接占有产品也不是他的目的。在生产者和产品之间出现了**分配**，分配借社会规律决定生产者在产品世界中的份额，因而出现在生产和消费之间。

《马克思恩格斯文集》第8卷，人民出版社2009年版，第18页

政治经济学的对像决不象通常所说的那样是“物质财富的生产”（这是工艺学的对象），而是人们在生产中的社会关系。只有按前一种意思来了解“生产”，才会把“分配”从“生产”中单独划分出来，而在探讨生产的那一

“篇”中所包含的，不是历史上特定的各种社会经济形式的范畴，而是关于整个劳动过程的范畴，这种空洞的废话到后来通常只是被用来抹杀历史社会条件的（例如，资本的概念就是这样）。如果我们始终把“生产”看作是生产中的社会关系，那么无论“分配”或“消费”都会丧失任何独立的意义。如果生产中的关系弄清楚了，各个阶级所获得的产品份额**也就**清楚了，因而，“分配”和“消费”也就清楚了。相反，如果生产关系没有弄清楚（例如，不了解整个社会总资本的生产过程），那么，关于消费和分配的任何议论都会变成废话，或者变成天真的浪漫主义的愿望。

《列宁全集》第2卷，人民出版社2013年版，第171页

（三）一切商品的共同东西，是抽象的人类劳动，即一般的人类劳动，每个单个商品只表现一部分社会必要劳动时间

资本主义生产方式占统治地位的社会的财富，表现为“庞大的商品堆积”，单个的商品表现为这种财富的元素形式。因此，我们的研究就从分析商品开始。

《马克思恩格斯文集》第5卷，人民出版社2009年版，第47页

起初我们看到，商品是一种二重的东西，即使用价值和交换价值。后来表明，劳动就它表现为价值而论，也不再具有它作为使用价值的创造者所具有的那些特征。商品中包含的劳动的这种二重性，是首先由我批判地证明了的。这一点是理解政治经济学的枢纽，……

《马克思恩格斯文集》第5卷，人民出版社2009年版，第54—55页

劳动作为使用价值的创造者，作为有用劳动，是不以一切社会形式为转移的人类生存条件，是人和自然之间的物质变换即人类生活得以实现的永

恒的自然必然性。

《马克思恩格斯文集》第 5 卷，人民出版社 2009 年版，第 56 页

上衣、麻布等等使用价值，简言之，种种商品体，是自然物质和劳动这两种要素的结合。如果把上衣、麻布等等包含的各种不同的有用劳动的总和除外，总还剩有一种不借人力而天然存在的物质基质。

《马克思恩格斯文集》第 5 卷，人民出版社 2009 年版，第 56 页

商品形式的奥秘不过在于：商品形式在人们面前把人们本身劳动的社会性质反映成劳动产品本身的物的性质，反映成这些物的天然的社会属性，从而把生产者同总劳动的社会关系反映成存在于生产者之外的物与物之间的社会关系。由于这种转换，劳动产品成了商品，成了可感觉而又超感觉的物或社会的物。

《马克思恩格斯文集》第 5 卷，人民出版社 2009 年版，第 89 页

在市场上，全部麻布只是当作一个商品，每一块麻布只是当作这个商品的相应部分。事实上，每一码的价值也只是同种人类劳动的同一的社会规定的量的化身。

《马克思恩格斯文集》第 5 卷，人民出版社 2009 年版，第 128—129 页

可见，原预付价值不仅在流通中保存下来，而且在流通中改变了自己的价值量，加上了一个剩余价值，或者说增殖了。正是这种运动使价值转化为资本。

《马克思恩格斯文集》第 5 卷，人民出版社 2009 年版，第 176 页

不同的共同体在各自的自然环境中，找到不同的生产资料和不同的生活资料。因此，它们的生产方式、生活方式和产品，也就各不相同。这种自然的差别，在共同体互相接触时引起了产品的互相交换，从而使这些产品逐渐转化为商品。

《马克思恩格斯文集》第5卷，人民出版社2009年版，第407页

因为生产力的发展以及与之相适应的资本构成的提高，会使数量越来越小的劳动，推动数量越来越大的生产资料，所以，总产品中每一个可除部分，每一个商品，或者说，所生产的商品总量中每一定量商品，都只吸收较少的活劳动，而且也只包含较少的物化劳动，即所使用的固定资本的损耗以及所消费的原料和辅助材料中所体现的对象化劳动。因此，每一个商品都只包含一个较小的、对象化在生产资料中的劳动和生产中新追加的劳动的总和。这样，单个商品的价格就下降了。尽管如此，单个商品中包含的利润量，在绝对剩余价值率或相对剩余价值率提高时仍能增加。它包含较少的新追加劳动，但是这种劳动的无酬部分同有酬部分相比却增加了。不过，只有在一定范围内情况才是这样。当单个商品中包含的新追加的活劳动的总和在生产发展过程中大大地绝对减少时，其中包含的无酬劳动的量也会绝对地减少，不管它同有酬部分相比相对地增加了多少。尽管剩余价值率提高了，每个商品中的利润量却会随着劳动生产力的发展而大大减少；而这种减少和利润率的下降完全一样，只是由于不变资本要素变得便宜，由于本册第一篇所指出的在剩余价值率不变甚至下降时使利润率提高的其他情况才延缓下来。

《马克思恩格斯文集》第7卷，人民出版社2009年版，第251页

劳动不仅在范畴上，而且在现实中都成了创造财富一般的手段，它不再是同某种特殊性的个人结合在一起的规定了。在资产阶级社会的最现代的

存在形式——美国,这种情况最为发达。所以,在这里,“劳动”、“劳动一般”、直截了当的劳动这个范畴的抽象,这个现代经济学的起点,才成为实际上真实的东西。所以,这个被现代经济学提到首位的、表现出一种古老而适用于一切社会形式的关系的最简单的抽象,只有作为最现代的社会的范畴,才在这种抽象中表现为实际上真实的东西。

《马克思恩格斯文集》第8卷,人民出版社2009年版,第28—29页

一切劳动,一方面是人类劳动力在生理学意义上的耗费;就相同的或抽象的人类劳动这个属性来说,它形成商品价值。一切劳动,另一方面是人类劳动力在特殊的有一定目的的形式上的耗费;就具体的有用劳动这个属性来说,它生产使用价值。

《马克思恩格斯文集》第5卷,人民出版社2009年版,第60页

……使用价值的生产构成劳动过程的内容和劳动活动的内在目的;构成对劳动能力的消耗与消费。

《马克思恩格斯全集》第32卷,人民出版社1998年版,第65页

人们通过交换产品,使各种极不相同的劳动彼此相等。商品生产是一种社会关系体系,在这种社会关系体系中,各个生产者制造各种不同的产品(社会分工),而所有这些产品在交换中彼此相等。因此,一切商品的共同的东西,并不是某一生产部门的具体劳动,并不是某一种类的劳动,而是**抽象**的人类劳动,即一般的人类劳动。表现在全部商品价值总额中的一个社会的全部劳动力,都是同一的人类劳动力,亿万次交换的事实都证明这一点。因此,每一单个商品所表现的只是一定份额的社会必要劳动时间。价值的大小由社会必要劳动量决定,或者说,由生产某种商品即某种使用价值

所消耗的社会必要劳动时间决定。“人们在交换中使他们的各种产品彼此相等，也就使他们的各种劳动彼此相等。他们没有意识到这一点，但是他们这样做了。”一位旧经济学家说过，价值是两个人之间的一种关系。不过他还应当补充一句：被物的外壳掩盖着的关系。只有从一定的历史社会形态的社会生产关系体系来看，并且只有从表现在大量的、重复亿万次的交换现象中的关系体系来看，才能了解什么是价值。

《列宁全集》第26卷，人民出版社2017年版，第63页

马克思在《资本论》中首先分析资产阶级社会（商品社会）里最简单、最普通、最基本、最常见、最平凡、碰到过亿万次的**关系**：商品交换。这一分析从这个最简单的现象中（从资产阶级社会的这个“细胞”中）揭示出现代社会的**一切**矛盾（或**一切**矛盾的萌芽）。往后的叙述向我们表明这些分麻和这个社会——在这个社会的各个部分的总和中、从这个社会的开始到终结——的发展（**既是**生长**又是**运动）。

《列宁全集》第55卷，人民出版社2017年版，第307页

（四）商品形态变化的两个相反的运动阶段组成一个循环：商品形式，商品形式的抛弃，商品形式的复归，这全部过程就表现为商品流通

如果我们来考察一个商品例如麻布的总形态变化，那么我们首先就会看到，这个形态变化由两个互相对立、互为补充的运动W—G和G—W组成。商品的这两个对立的转化是通过商品占有者的两个对立的社会过程完成的，并反映在商品占有者充当的两种对立的经济角色上。作为卖的当事人，他是卖者，作为买的当事人，他是买者。但是，在商品的每一次转化中，商品的两种形式即商品形式和货币形式同时存在着，只不过是在对立的两极上，所以，对同一个商品所有者来说，当他是卖者时，有一个买者和他对立着，当他是买者时，有一个卖者和他对立着。

正像同一个商品要依次经过两个相反的转化,由商品转化为货币,由货币转化为商品一样,同一个商品所有者也要由卖者的角色转换为买者的角色。

《马克思恩格斯文集》第5卷,人民出版社2009年版,第132—133页

商品形态变化的两个相反的运动阶段组成一个循环:商品形式,商品形式的抛弃,商品形式的复归。当然,在这里,商品本身具有对立的规定。对它的占有者来说,它在起点是非使用价值,在终点是使用价值。同样,货币先表现为商品转化成的固定的价值结晶,然后又作为商品的单纯等价形式而消失。

组成一个商品的循环的两个形态变化,同时是其他两个商品的相反的局部形态变化。同一个商品(麻布)开始它自己的形态变化的系列,又结束另一个商品(小麦)的总形态变化。商品在它的第一个转化中,即在出卖时,一身扮演这两种角色。而当它作为金蛹结束自己的生涯的时候,它同时又结束第三个商品的第一形态变化。可见,每个商品的形态变化系列所形成的循环,同其他商品的循环不可分割地交错在一起。这全部过程就表现为商品流通。

《马克思恩格斯文集》第5卷,人民出版社2009年版,第133—134页

流通所以能够打破产品交换的时间、空间和个人的限制,正是因为它把这里存在的换出自己的劳动产品和换进别人的劳动产品这二者之间的直接的同一性,分裂成卖和买这二者之间的对立。说互相对立的独立过程形成内部的统一,那也就是说,它们的内部统一是运动于外部的对立中。当内部不独立(因为互相补充)的过程的外部独立化达到一定程度时,统一就要强制地通过危机显示出来。商品内在的使用价值和价值的对立,私人劳动同时必须表现为直接社会劳动的对立,特殊的具体的劳动同时只是

当作抽象的一般的劳动的对立,物的人格化和人格的物化的对立,——这种内在的矛盾在商品形态变化的对立中取得了发展的运动形式。因此,这些形式包含着危机的可能性,但仅仅是可能性。这种可能性要发展为现实,必须有整整一系列的关系,从简单商品流通的观点来看,这些关系还根本不存在。

《马克思恩格斯文集》第 5 卷,人民出版社 2009 年版,第 135—136 页

既然货币流通只是表现商品流通过程,即商品通过互相对立的形态变化而实现的循环,那么货币流通的速度也就表现商品形式变换的速度,表现形态变化系列的不断交错,表现物质变换的迅速,表现商品迅速退出流通领域并同样迅速地为新商品所代替。因此,货币流通的迅速表现互相对立、互为补充的阶段——由使用形态转化为价值形态,再由价值形态转化为使用形态——的流水般的统一,即卖和买两个过程的流水般的统一。相反,货币流通的缓慢则表现这两个过程分离成彼此对立的独立阶段,表现形式变换的停滞,从而表现物质变换的停滞。至于这种停滞由什么产生,从流通本身当然看不出来。流通只是表示出这种现象本身。

《马克思恩格斯文集》第 5 卷,人民出版社 2009 年版,第 143 页

在 W—G—W 循环中,始极是一种商品,终极是另一种商品,后者退出流通,转入消费。因此,这一循环的最终目的是消费,是满足需要,总之,是使用价值。相反,G—W—G 循环是从货币一极出发,最后又返回同一极。因此,这一循环的动机和决定目的是交换价值本身。

《马克思恩格斯文集》第 5 卷,人民出版社 2009 年版,第 175 页

我们那位还只是资本家幼虫的货币占有者,必须按商品的价值购买商

品，按商品的价值出卖商品，但他在过程终了时取出的价值必须大于他投入的价值。他变为蝴蝶，必须在流通领域中，又必须不在流通领域中。这就是问题的条件。

《马克思恩格斯文集》第5卷，人民出版社2009年版，第193—194页

使一般商品流通的这个行为同时成为单个资本的独立循环中的一个职能上确定的阶段的，首先不是行为的形式，而是它的物质内容，是那些和货币换位的商品的特殊使用性质。

《马克思恩格斯文集》第6卷，人民出版社2009年版，第32页

社会劳动的物质变换，是在资本循环和构成这个循环的一个阶段的商品形态变化中完成的。这种物质变换可以要求产品发生场所的变换，即产品由一个地方到另一个地方的实际运动。但是，没有商品的物理运动，商品也可以流通；没有商品流通，甚至没有直接的产品交换，产品也可以运输。A卖给B的房屋，是作为商品流通的，但是它并没有移动。棉花、生铁之类可以移动的商品价值，经过许多流通过程，由投机者反复买卖，但还是留在原来的货栈内。这里实际运动的，是物品的所有权证书，而不是物品本身。另一方面，例如在印加国，虽然社会产品不作为商品流通，也不通过物物交换来进行分配，但是运输业还是起着很大的作用。

《马克思恩格斯文集》第6卷，人民出版社2009年版，第167页

商品的形态变化，它们的运动，1. 在物质上由不同商品的互相交换构成；2. 在形式上由商品转化为货币和货币转化为商品，即卖和买构成。而商人资本的职能就是归结为这些职能，即通过买和卖来交换商品。因此，它只是对商品交换起中介作用；不过这种交换从一开始就不能单纯理解为直

接生产者之间的商品交换。

《马克思恩格斯文集》第7卷,人民出版社2009年版,第363页

这个问题一般说来就是:是否能够通过改变流通工具——改变流通组织——而使现存的生产关系和与这些关系相适应的分配关系发生革命?进一步要问的是:如果不触动现存的生产关系和建立在这些关系上的社会关系,是否能够对流通进行这样的改造?如果流通的每一次这样的改造本身,又是以其他生产条件的改变和社会变革为前提的,那么,下面这种学说自然一开始就是站不住脚的,这种学说提出一套流通把戏,以图一方面避免这些改变的暴力性质,另一方面要让这些改变本身不是成为改造流通的前提,而相反地成为改造流通的逐步产生的结果。这一基本前提的荒谬足以证明,这种学说同样不了解生产关系、分配关系和流通关系之间的内部联系。

《马克思恩格斯全集》第30卷,人民出版社1995年版,第69页

流通是这样一种运动,在这种运动中,普遍转让表现为普遍占有,普遍占有表现为普遍转让。这一运动的整体虽然表现为社会过程,这一运动的各个因素虽然产生于个人的自觉意志和特殊目的,然而过程的总体表现为一种自发形成的客观联系;这种联系尽管来自自觉的个人的相互作用,但既不存在于他们的意识之中,作为总体也不受他们支配。他们本身的相互冲突为他们创造了一种凌驾于他们之上的异己的社会权力;他们的相互作用表现为不以他们为转移的过程和强制力。流通由于是社会过程的一种总体,所以它也是第一个这样的形式,在这个形式中,不仅像在一块货币或交换价值的场合那样,社会关系表现为某种不以个人为转移的东西,而且社会运动的总体本身也表现为这样的东西。个人相互间的社会联系作为凌驾于个人之上的独立权力,不论被想象为自然的权力,偶然现象,还是其他任何形式的东西,都是下述状况的必然结果,这就是:这里的出发点不是自由的

社会的个人。从作为经济范畴中第一个总体的流通中,就可以清楚地看到这一点。

《马克思恩格斯全集》第 30 卷,人民出版社 1995 年版,第 147—148 页

在这里,商品依次从一个生产阶段转入另一个生产阶段,而且是更高的阶段,也就是经过更多中介的并使商品更接近于它的最终形式的阶段,直到它达到了自己的最终形式,在这种形式上,它或者是进入消费,或者是在自己的最终形式上作为劳动资料(已经不是作为劳动材料)进入新的生产过程。不同商品的这些不同的生产过程彼此联系在一起,互相制约着,如果考察产品的最终形式,这些过程实际上是按照上升序列彼此依次进行的各生产阶段的序列,以致后一阶段是把前一阶段引向前进并受前一阶段的制约。

《马克思恩格斯文集》第 8 卷,人民出版社 2009 年版,第 571 页

第九章　资本的周转与循环必将导致资本主义生产方式的系统失衡

一、导　语

经典作家关于资本主义生产方式的论述，是系统思想运用的成功范例。它集中体现在马克思不朽的著作《资本论》中。全部《资本论》的结构，就是一个由低级到高级、由简单到复杂的系统综合分析过程。分析、理解和探讨其中所包含的系统思想，有着十分重要的意义。

（一）资本主义生产方式是以剥削雇佣劳动、榨取剩余价值为特征的经济循环大系统

马克思认为，资产阶级社会经济结构是从封建社会的经济结构中产生的。资本主义生产关系的产生过程是劳动者和他的劳动条件的所有权相分离的过程。这个过程一方面是剥夺广大小生产者特别是农民，使他们成为一无所有的雇佣劳动者；另一方面则是把从农民手里剥夺来的土地以及通过种种巧取豪夺手段掠夺来的大量货币财富集中到资产阶级手中。于是生产资料和劳动者的结合，在这里采取劳动者把自己的劳动力当作商品出卖给资本家这一方式来实现。在等价交换的商品买卖关系外衣下，工人得到自己劳动力的价值，而资产阶级则得到工人生产的超出劳动力价值以外的全部剩余价值。这一买卖关系并入资本主义扩大再生产过程后，资本家使用无偿占，有的剩余价值的一部分，来继续无偿占有雇佣工人更多的剩余劳

动,以增殖资本价值,扩大资本生产规模。这样就使原来以工人自己的劳动为基础的商品买卖关系中的所有权转变成资本家占有别人无偿劳动的权力。至此,资本主义生产过程无须借助任何外力就可滚雪球般地实现积累,成为一个自我循环的系统过程。

这种生产过程中的自我循环系统在资本的流通过程中得到了补充。广义地说,资本流通是指资本为了保存自身价值和实现价值增殖在流通领域和生产领域经历形态变化的全过程。其公式是:G—W…P…W′—G′。这一公式即是在直接生产过程(…P…)的两端分别加上买(G—W)和卖(W′—G′)的过程,把自行循环的生产系统纳入了一个更大的系统之中。然而,这仅是单个资本的一种典型形态变化及循环。资本作为运动,总是不停地处在货币资本、生产资本、商品资本互相交替的形态变化和循环之中;同时,产业资本的现实循环,不仅是生产过程和流通过程的统一,而且是它的所有的三个循环的统一。资本循环在时间上的继起性、空间上的并存性、数量上的合比例性要求把典型的货币资本循环系统纳入全部资本循环系统中,于是又有:

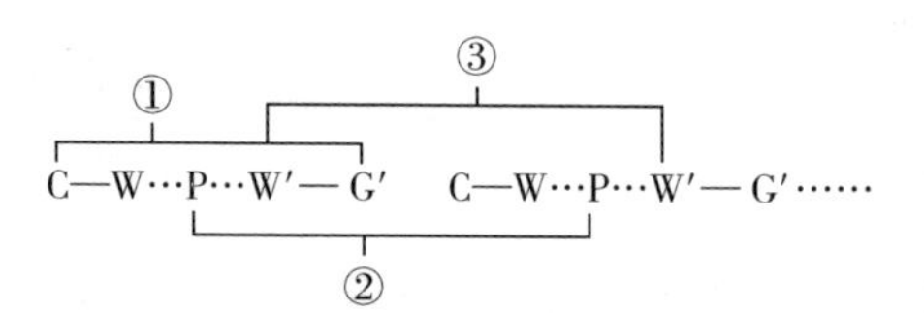

①G…G′表现为货币资本的循环。②P…P 表现为生产资本的循环。③W′—W′表现为商品资本的循环。这是范围更大的自我循环系统。把它作为连续不断的反复循环的系统来看,即是资本周转。从周转的角度分析,可以从量上把握资本的系统运动,考察资本运动速度对资本主义生产过程系统和价值增殖过程系统的影响。

单个资本运动系统的交错运动形成社会总资本系统的运动。社会总资本系统运动要受更为复杂的特殊条件和规律的制约。它不仅包含资本流通系统,而且包含一般商品流通系统;不仅包含资本价值流通系统,而且包含剩余价值流通系统,不仅包含生产消费系统,而且包含个人消费系统。它是资本自我循环系统由简单到杂、由低级到高级的运动的概括和总结。

如果说剩余价值的生产和流通形成资本的一般和特殊的系统过程，那么剩余价值的分配则完成具体的资本主义生产方式系统的总过程。在这个总过程中，利润从剩余价值系统中导出；平均利润则从利润——剩余价值系统中导出；商业利润又从平均利润——利润——剩余价值系统中导出；而利息又从商业利润——平均利润——利润——剩余价值系统中导出。就利息本身来说，资本的本质完全看不见了，它是全部系统最表面的现象。对它的解释有赖于对全部系统的理解。地租作为超出平均利润以外的一个特例，也只有真正理解剩余价值分配系统的全部内容才能得到说明。

总之，资本主义生产方式是以剩余价值的生产、流通和分配为主线的经济自我循环系统，资本主义社会就是以此作为自己存在的基础的。

（二）资本的周转和循环必将导致资本主义生产方式的系统失衡

资本主义生产方式系统作为一种特殊的、历史的社会经济范畴，并不是永恒不变的。相反，随着生产力和生产关系的矛盾运动发展，资本的自我循环运动必将导致资本主义生产方式的系统失衡。

个别资本家为追求剩余价值盲目生产而造成的社会生产无政府状态，是对资本主义生产方式系统的第一个冲击。在资本主义制度下，商品经济达到高度发展的程度，社会分工和生产专业化也大大提高，社会生产的各部门、地区和企业之间的联系日益密切，生产高度社会化了。但在资本主义私有制为基础的商品经济条件下，生产却是属于资本家私人的事情。资本家在追求尽可能多的剩余价值的欲望驱使下，竭力进行资本积累，以便扩大剥削雇佣劳动的范围，因而总是不顾市场的容量和实际的社会需要，盲目扩大生产规模，这样就导致整个社会生产呈现出无政府状态；同时，在资本家之间存在着激烈的竞争，每一个人都想维持自身，击败对手，这也逼迫资本家不断扩大生产规模、壮大实力，在竞争中取胜，这同样导致和加剧了生产的盲目发展，破坏了资本主义生产方式原有的平衡。

劳动人民有支付能力的需求与社会生产扩大相比较而日益缩小的趋势是对资本主义生产方式系统的第二个冲击。资本主义生产在资本家追逐剩余价值的内在冲动和资本家竞争的外在压力下,有无限扩大的趋势,而生产的社会化和现代化的生产技术(首先是信用)又为资本主义生产的无限扩大提供了物质技术基础,其结果是资本高度集中,生产能力大大提高了。但与此同时,资本家为了榨取更多的剩余价值总是通过各种方式来加强对劳动者的剥削,使劳动者日趋贫困化,有支付能力的需求相对于社会生产扩大而言日益相对缩小,这样便导致生产和消费之间的严重对抗,使社会总资本的循环运动严重受阻,造成了资本主义生产方式系统的又一大失衡。

平均利润率趋向下降规律与资本家争取高额利润率的活动同时并存,是对资本主义生产方式系统的第三个冲击。随着资本主义生产的发展,社会资本的平均有机构成不断提高,使得平均利润率趋向下降,这是社会生产力在资本主义生产方式中发展的一种必然表现。资本家改进生产技术、使用新的机器设备、提高劳动生产率的本来目的和动机是为了提高利润率,但这种活动的结果是社会资本的平均有机构成不断提高,从而导致和资本家愿望完全相反的结果——利润率下降。资本家为提高利润率所进行的活动越有效,平均利润率就越以更快的速度下降,这种运动的二重性从根本上否定了资本主义生产方式系统,使其形成无法克服的失衡。

资本自行运功对资本主义生产方式系统所造成的冲击,最终将导致资本主义周期性经济危机的爆发,经济危机是资本主义生产方式的系统失衡最明显的标志。马克思说:"危机永远只是现有矛盾的暂时的暴力的解决,永远只是使已经破坏的平衡得到瞬间恢复的暴力的爆发"(《资本论》第3卷第278页)。同时,危机表明"资本主义生产不是绝对的生产方式,而只是一种历史的、和物质生产条件的某个有限的发展时期相适应的生产方式。"(《资本论》第3卷第289页)在当代资本主义世界,经济危机以"滞涨"的形式表现出来,进一步证明马克思对资本主义生产方式系统失衡推论的科学性。

(三)解决资本主义生产方式的系统失衡的根本出路是进行社会主义革命

资本主义生产方式系统失衡所暴露出来的种种矛盾,归根到底是资产阶级社会所固有的资本主义生产关系和社会生产力的基本矛盾的体现。“资本的垄断成了与这种垄断一起并在这种垄断之下繁盛起来的生产方式的桎梏。生产资料的集中和劳动的社会化,达到了同它们的资本主义外壳不能相容的地步,这个外壳就要炸毁了。资本主义私有制的丧钟就要响了。剥夺者就要被剥夺了。”(《资本论》第1卷第831—832页)从根本上解决资本主义生产方式系统失衡的时刻来到了。

资本主义生产方式的系统失衡孕育着社会主义革命的必要物质基础。资本主义使生产高度社会化,使科学技术空前发展,它扩大了社会分工,在巨大的规模上实现了劳动和生产的专业化,显著地提高了生产技术和经营管理水平;它开拓了世界市场,打破了那种地方的和民族的自给自足、闭关自守、墨守陈规的状态,扩大和发展了各民族的经济交往,使一切国家的生产和消费都成为世界性的。这一切都为实行社会主义革命、从根本上解决资本主义生产方式的系统失衡,准备了必要的物质技术基础。

资本主义生产方式的系统失衡还孕育了资产阶级的掘墓人现代无产阶级。资本主义的发展是靠牺牲无产阶级利益取得的。无产阶级在资本主义生产方式的系统失衡发展中遭受更大的苦难,财富和贫困的积累的畸型失衡发展,把无产阶级抛向深渊,因此,随着资本对雇佣劳动剥削的加强,无产阶级的反抗和革命斗争也不断高涨。大工业本身锻炼和造就着无产阶级的阶级力量。从资本主义生产方式系统内部产生的经济危机说明,资本主义生产关系已无法容纳在它的内部发展起来的生产力了。无产阶级组成为阶级,上升为统治阶级,用社会主义生产方式彻底消除资本主义生产方式的系统失衡的时刻即将到来。

随着资本主义最高和最后阶段——帝国主义阶段的出现,资本主义生产方式的系统失衡同资本主义政治、经济发展不平衡的绝对规律交织在一起,个别国家可能首先摆脱资本主义生产方式的系统失衡,首先在一国取得社会主义革命的胜利。实践证明了这一理论的正确性。个别帝国主义国家通过跳跃式的发展超过另一些帝国主义国家,使得各个帝国主义集团的势力范围同自身的力量对比之间产生巨大的不平衡,帝国主义阵营内部的冲突加深和加剧起来，重新瓜分世界的帝国主义战争会削弱资本主义的统治链条，个别国家能够突破这个链条中的薄弱环节取得社会主义革命的胜利，从而首先在个别国家结束资本主义生产方式的系统失衡。这是对马克思、恩格斯关于资本主义生产方式的系统失衡理论的重大发展。

二、摘　编

（一）创造资本关系的过程，只能是劳动者和他的劳动条件的所有权分离的过程

资产阶级日甚一日地消灭生产资料、财产和人口的分散状态。它使人口密集起来，使生产资料集中起来，使财产聚集在少数人的手里。由此必然产生的后果就是政治的集中。各自独立的、几乎只有同盟关系的、各有不同利益、不同法律、不同政府、不同关税的各个地区，现在已经结合为**一个**拥有**统一的**政府、**统一的**法律、**统一的**民族阶级利益和**统一的**关税的统一的民族。

《马克思恩格斯文集》第2卷，人民出版社2009年版，第36页

资本也是一种社会生产关系。这是**资产阶级的生产关系**，是资产阶级社会的生产关系。构成资本的生活资料、劳动工具和原料，难道不是在一定的社会条件下，不是在一定的社会关系内生产出来和积累起来的吗？难道这一切不是在一定的社会条件下，在一定的社会关系内被用来进行新生产的吗？并且，难道不正是这种一定的社会性质把那些用来进行新生产的产品变为**资本**的吗？

《马克思恩格斯文集》第1卷，人民出版社2009年版，第724页

工人阶级的个人消费，在绝对必要的限度内，只是把资本用来交换劳动力的生活资料再转化为可供资本重新剥削的劳动力。这种消费是资本家最不可少的生产资料即工人本身的生产和再生产。可见，工人的个人消费，不论在工场、工厂等以内或以外，在劳动过程以内或以外进行，总是资本生产和再生产的一个要素，正像擦洗机器，不论在劳动过程中或劳动过程的一定间歇进行，总是生产和再生产的一个要素一样。虽然工人实现自己的个人消费是为自己而不是为资本家，但事情并不因此有任何变化。役畜的消费并不因为役畜自己享受食物而不成为生产过程的必要的要素。工人阶级的不断维持和再生产始终是资本再生产的条件。资本家可以放心地让工人维持自己和繁殖后代的本能去实现这个条件。他所操心的只是把工人的个人消费尽量限制在必要的范围之内，这种做法同南美洲那种强迫工人吃营养较多的食物，不吃营养较少的食物的粗暴行为，真有天壤之别。

《马克思恩格斯文集》第5卷，人民出版社2009年版，第660—661页

创造资本关系的过程，只能是劳动者和他的劳动条件的所有权分离的过程，这个过程一方面使社会的生活资料和生产资料转化为资本，另一方面使直接生产者转化为雇佣工人。因此，所谓原始积累只不过是生产者和生产资料分离的历史过程。这个过程所以表现为“原始的”，因为它形成资本及与之相适应的生产方式的前史。

《马克思恩格斯文集》第5卷，人民出版社2009年版，第822页

不论生产的社会形式如何，劳动者和生产资料始终是生产的因素。但是，二者在彼此分离的情况下只在可能性上是生产因素。凡要进行生产，它们就必须结合起来。实行这种结合的特殊方式和方法，使社会结构区分为各个不同的经济时期。在当前考察的场合，自由工人和他的生产资料的分

离,是既定的出发点,并且我们已经看到,二者在资本家手中是怎样和在什么条件下结合起来的——就是作为他的资本的生产的存在方式结合起来的。因此,形成商品的人的要素和物的要素这样结合起来一同进入的现实过程,即生产过程,本身就成为资本的一种职能,成为资本主义的生产过程。而关于资本主义生产过程的性质,我们已经在本书第一卷作了详细的阐述。商品生产的每一种经营都同时成为剥削劳动力的经营;但是,只有资本主义的商品生产,才成为一个划时代的剥削方式,这种剥削方式在它的历史发展中,由于劳动过程的组织和技术的巨大成就,使社会的整个经济结构发生变革,并且不可比拟地超越了以前的一切时期。

《马克思恩格斯文集》第6卷,人民出版社2009年版,第44页

资本家……只有同时预付实现这种劳动的条件,即劳动资料和劳动对象,机器和原料,也就是说,他只有把他所占有的一个价值额转化为生产条件的形式,才能对这种劳动进行剥削;他所以是一个资本家,能完成对劳动的剥削过程,也只是因为他作为劳动条件的所有者同只是作为劳动力的占有者的工人相对立。……正是非劳动者对这种生产资料的占有,使劳动者变成雇佣工人,使非劳动者变成资本家。

《马克思恩格斯文集》第7卷,人民出版社2009年版,第49—50页

监督和指挥的劳动,就它由对立的性质,由资本对劳动的统治产生而言,因而就它为包括资本主义生产方式在内的一切以阶级对立为基础的生产方式所共有而言,这种劳动在资本主义制度下,也是直接地和不可分离地同由一切结合的社会劳动交给单个人作为特殊劳动去完成的生产职能,结合在一起的。一个Epitropos[古希腊的“管家”]或封建法国所称的régisseur[管家]的工资,只要企业达到相当大的规模,足以为这样一个经理(manager)支付报酬,就会完全同利润分离而采取熟练劳动的工资的形式,

虽然我们的产业资本家远没有因此去“从事政务或研究哲学”。

《马克思恩格斯文集》第7卷，人民出版社2009年版，第434页

在股份公司内，职能已经同资本所有权相分离，因而劳动也已经完全同生产资料的所有权和剩余劳动的所有权相分离。资本主义生产极度发展的这个结果，是资本再转化为生产者的财产所必需的过渡点，不过这种财产不再是各个互相分离的生产者的私有财产，而是联合起来的生产者的财产，即直接的社会财产。另一方面，这是再生产过程中所有那些直到今天还和资本所有权结合在一起的职能转化为联合起来的生产者的单纯职能，转化为社会职能的过渡点。

《马克思恩格斯文集》第7卷，人民出版社2009年版，第495页

资本主义的股份企业，也和合作工厂一样，应当被看作是由资本主义生产方式转化为联合的生产方式的过渡形式，只不过在前者那里，对立是消极地扬弃的，而在后者那里，对立是积极地扬弃的。

《马克思恩格斯文集》第7卷，人民出版社2009年版，第499页

从直接生产者身上榨取无酬剩余劳动的独特经济形式，决定着统治和从属的关系，这种关系是直接从生产本身产生的，并且又对生产发生决定性的反作用。但是，这种从生产关系本身中生长出来的经济共同体的全部结构，从而这种共同体的独特的政治结构，都是建立在上述的经济形式上的。

《马克思恩格斯文集》第7卷，人民出版社2009年版，第894页

在实行货币地租时，占有并耕种一部分土地的隶属农民和土地所有者之间的传统的合乎习惯法的关系，必然转化为一种由契约规定的、按实在法的固定规则确定的纯粹的货币关系。因此，从事耕作的占有者实际上变成了单纯的租佃者。一方面这种转化，在其他方面均适宜的一般生产关系下，会被利用来逐渐剥夺旧的农民占有者，而代之以资本主义租地农场主；另一方面，这种转化又使从前的占有者得以赎免交租的义务，转化为一个对自己耕种的土地取得完全所有权的独立农民。

《马克思恩格斯文集》第7卷，人民出版社2009年版，第902页

……过剩人口是过剩生产的必然补充物，是资本主义经济的必然附属品，**没有它，资本主义经济既不能存在，也不能发展**。

《列宁全集》第2卷，人民出版社2013年版，第149页

资本主义是一种社会制度，在这种制度下，土地、工厂和工具等等都是少数土地占有者和资本家的，人民大众什么也没有或者差不多什么也没有，所以只好去受雇当工人。

《列宁全集》第4卷，人民出版社2013年版，第252页

（二）剩余价值构成了有产阶级手中日益增加的资本量所由积累而成的价值总量

资本的迅速增加就等于利润的迅速增加。而利润的迅速增加只有在劳动的价格同样迅速下降、相对工资同样迅速下降的条件下才是可能的。即使在实际工资同名义工资即劳动的货币价值同时增加，只要实际工资不是和利润同一比例增加，相对工资还是可能下降。比如说，在经济兴旺的时期，工资提高5%，而利润却提高30%，那么比较工资即相对工资**不是增加**，

而是减少了。

《马克思恩格斯文集》第 1 卷，人民出版社 2009 年版，第 734 页

即使**最有利于**工人阶级的**情势**，即使**资本的尽快增加**改善了工人的物质生活，也不能消灭工人的利益和资产者的利益即资本家的利益之间的对立状态。**利润和工资**仍然是**互成反比**的。

《马克思恩格斯文集》第 1 卷，人民出版社 2009 年版，第 734 页
《马克思恩格斯全集》第 6 卷第 497 页

现代资本主义生产方式是以两个社会阶级的存在为前提的，一方面是资本家，他们占有生产资料和生活资料；另一方面是无产者，他们被排除于这种占有之外而仅有一种商品即自己的劳动力可以出卖，因此他们不得不出卖这种劳动力以占有生活资料。但是一个商品的价值是由体现在该商品的生产中，从而也体现在它的再生产中的社会必要劳动量决定的；所以，一个平常人一天、一月或一年的劳动力的价值，是由体现在维持这一天、一月或一年的劳动力所必需的生活资料量中的劳动量来决定的。假定一个工人一天的生活资料需要 6 小时的劳动来生产，或者也可以说，它们所包含的劳动相当于 6 小时的劳动量；在这种场合，一天的劳动力的价值就表现为同样体现 6 小时劳动的货币量。再假定说，雇用这个工人的资本家付给他这个数目，即付给他劳动力的全部价值。这样，如果工人每天给这个资本家做 6 小时的工，那他就完全抵偿了资本家的支出，即以 6 小时的劳动抵偿了 6 小时的劳动。在这种场合，这个资本家当然是什么也没有得到；因此，他对事情有完全不同的想法。他说，我购买这个工人的劳动力不是 6 个小时，而是一整天。因此他就根据情况让工人劳动 8 小时、10 小时、12 小时、14 小时或者更多的时间，所以第 7 小时、第 8 小时和以后各小时的产品就是无酬劳

动的产品，首先落到资本家的腰包里。这样，给这个资本家做事的工人，不仅再生产着他那由资本家付酬的劳动力的价值，而且除此之外还生产剩余价值，这个剩余价值首先被这个资本家所占有，然后按一定的经济规律在整个资本家阶级中进行分配，构成地租、利润、资本积累的基础，总之，即非劳动阶级所消费或积累的一切财富的基础。这样也就证明了，现代资本家，也像奴隶主或剥削徭役劳动的封建主一样，是靠占有他人无酬劳动发财致富的，而所有这些剥削形式彼此不同的地方只在于占有这种无酬劳动的方式有所不同罢了。这样一来，有产阶级胡说现代社会制度盛行公道、正义、权利平等、义务平等和利益普遍和谐这一类虚伪的空话，就失去了最后的立足之地，而现代资产阶级社会就像以前的各种社会一样真相大白：它也是人数不多并且仍在不断缩减的少数人剥削绝大多数人的庞大机构。

《马克思恩格斯文集》第 3 卷，人民出版社 2009 年版，第 460—461 页

无偿劳动的占有是资本主义生产方式和通过这种生产方式对工人进行的剥削的基本形式；即使资本家按照劳动力作为商品在商品市场上所具有的全部价值来购买他的工人的劳动力，他从这种劳动力榨取的价值仍然比他对这劳动力的支付要多；这种剩余价值归根到底构成了有产阶级手中日益增加的资本量由以积累起来的价值量。这样就说明了资本主义生产和资本生产的过程。

《马克思恩格斯文集》第 3 卷，人民出版社 2009 年版，第 545 页

当生产劳动把生产资料变为新产品的形成要素时，生产资料的价值也就经过一次轮回。它从已消耗的躯体转到新形成的躯体。但是这种轮回似乎是在现实的劳动背后发生的。工人不保存旧价值，就不能加进新劳动，也就不能创造新价值，因为他总是必须在一定的有用的形式上加进劳动；而他不把产品变为新产品的生产资料，从而把它们的价值转移到新产品上去，他

就不能在有用的形式上加进劳动。可见，由于加进价值而保存价值，这是发挥作用的劳动力即活劳动的自然恩惠，这种自然恩惠不费工人什么，但对资本家却大有好处，使他能够保存原有的资本价值。当生意兴隆的时候，资本家埋头赚钱，觉察不到劳动的这种无偿的恩惠。但当劳动过程被迫中断的时候，当危机到来的时候，资本家对此就有切肤之感了。

《马克思恩格斯文集》第5卷，人民出版社2009年版，第240页

随着资本的增长，所使用的资本和所消费的资本之间的差额也在增大。换句话说，劳动资料如建筑物、机器、排水管、役畜以及各种器械的价值量和物质量都会增加，这些劳动资料在或长或短的一个时期里，在不断反复进行的生产过程中，用自己的整体执行职能，或者说，为达到某种有用的效果服务，而它们本身却是逐渐损耗的，因而是一部分一部分地丧失自己的价值，也就是一部分一部分地把自己的价值转移到产品中去。这些劳动资料越是作为产品形成要素发生作用而不把价值加到产品中去，也就是说，它们越是整个地被使用而只是部分地被消费，那么，它们就越是像我们在上面说过的自然力如水、蒸汽、空气、电力等等那样，提供无偿的服务。被活劳动抓住并赋予生命的过去劳动的这种无偿服务，会随着积累规模的扩大而积累起来。

《马克思恩格斯文集》第5卷，人民出版社2009年版，第701—702页

亚·斯密在这里直截了当地把地租和资本的利润称为纯粹是工人产品中的**扣除部分**，或者说，是与工人加到原料上的劳动量相等的产品价值中的**扣除部分**。但是，正如亚·斯密自己在前面证明过的，这个扣除部分只能由工人加到原料上的、超过只支付他的工资或只提供他的工资等价物的劳动量的那部分劳动构成；因而这个扣除部分是由剩余劳动，即工人劳动的无酬部分构成。

《马克思恩格斯文集》第6卷，人民出版社2009年版，第14—15页

剩余价值既由预付资本中那个加入商品成本价格的部分产生,也由预付资本中那个不加入商品成本价格的部分产生;总之,同样由所使用的资本的固定组成部分和流动组成部分产生。总资本在物质上是产品的形成要素,不管它作为劳动资料,还是作为生产材料和劳动,都是如此。总资本虽然只有一部分进入价值增殖过程,但在物质上总是全部进入现实的劳动过程。或许正是由于这个原因,它虽然只是部分地参加成本价格的形成,但会全部参加剩余价值的形成。不管怎样,结论总是:剩余价值是同时由所使用的资本的一切部分产生的。

《马克思恩格斯文集》第7卷,人民出版社2009年版,第43页

应当从剩余价值率到利润率的转化引出剩余价值到利润的转化,而不是相反。实际上,利润率从历史上说也是出发点。剩余价值和剩余价值率相对地说是看不见的东西,是要进行研究的本质的东西,而利润率,从而剩余价值的作为利润的形式,却会在现象的表面上显示出来。

《马克思恩格斯文集》第7卷,人民出版社2009年版,第51页

资本家作为资本家所要执行的特殊职能,并且恰好是他在同工人相区别和相对立中具有的特殊职能,被表现为单纯的劳动职能。他创造剩余价值,不是因为他作为资本家进行劳动,而是因为他除了具有作为资本家的属性以外,他也进行劳动。因此,剩余价值的这一部分也就不再是剩余价值,而是与剩余价值相反的东西,是所完成的劳动的等价物。因为资本的异化性质,它同劳动的对立,被转移到现实剥削过程之外,即转移到生息资本上,所以这个剥削过程本身也就表现为单纯的劳动过程,在这个过程中,执行职能的资本家与工人相比,不过是在进行另一种劳动。因此,剥削的劳动和被剥削的劳动,二者作为劳动成了同一的东西。剥削的劳动,像被剥削的劳动一样,是劳动。利息成了资本的社会形式,不过被表现在一种中立的、没有

差别的形式上;企业主收入成了资本的经济职能,不过这个职能的一定的、资本主义的性质被抽掉了。

《马克思恩格斯文集》第7卷,人民出版社2009年版,第430页

我们已经看到,资本主义生产过程是社会生产过程一般的一个历史地规定的形式。而社会生产过程既是人类生活的物质生存条件的生产过程,又是一个在特殊的、历史上和经济的生产关系中进行的过程,是生产和再生产着这些生产关系本身,因而生产和再生产着这个过程的承担者、他们的物质生存条件和他们的互相关系即他们的一定的经济的社会形式的过程。因为,这种生产的承担者同自然的关系以及他们互相之间的关系,他们借以进行生产的各种关系的总和,就是从社会经济结构方面来看的社会。资本主义生产过程像它以前的所有生产过程一样,也是在一定的物质条件下进行的,但是,这些物质条件同时也是各个个人在他们的生活的再生产过程中所处的一定的社会关系的承担者。这些物质条件,和这些社会关系一样,一方面是资本主义生产过程的前提,另一方面又是资本主义生产过程的结果和创造物;它们是由资本主义生产过程生产和再生产的。我们还看到,资本——而资本家只是人格化的资本,他在生产过程中只是作为资本的承担者执行职能——会在与它相适应的社会生产过程中,从直接生产者即工人身上榨取一定量的剩余劳动,这种剩余劳动是资本未付等物价而得到的,并且按它的本质来说,总是强制劳动,尽管它看起来非常像是自由协商议定的结果。这种剩余劳动体现为剩余价值,而这个剩余价值存在于剩余产品中。

《马克思恩格斯文集》第7卷,人民出版社2009年版,第926—927页

因为剩余价值的一部分好像不是直接和社会关系联系在一起,而是直接和一个自然要素即土地联系在一起,所以剩余价值的不同部分互相异化和硬化的形式就完成了,内部联系就最终割断了,剩余价值的源泉就完全被

掩盖起来了,而这正是由于和生产过程的不同物质要素结合在一起的生产关系已经互相独立化了。

《马克思恩格斯文集》第7卷,人民出版社2009年版,第940页

雇佣工人把自己的劳动力出卖给土地、工厂和劳动工具的占有者。工人用工作日的一部分来抵偿维持本人及其家庭生活的开支(工资),工作日的另一部分则是无报酬地劳动,为资本家创造**剩余价值**,这也就是利润的来源,资本家阶级财富的来源。

剩余价值学说是马克思经济理论的基石。

《列宁全集》第23卷,人民出版社2017年版,第46页

(三)各个单个资本的循环是互相交错的,是互为前提、互为条件的,而且正是在这种交错中形成社会总资本的运动

资本积累以剩余价值为前提,剩余价值以资本主义生产为前提,而资本主义生产又以商品生产者握有较大量的资本和劳动力为前提。因此,这整个运动好像是在一个恶性循环中兜圈子,要脱出这个循环,就只有假定在资本主义积累之前有一种"原始"积累(亚当·斯密称为"预先积累"),这种积累不是资本主义生产方式的结果,而是它的起点。

《马克思恩格斯文集》第5卷,人民出版社2009年版,第820页

资本的循环过程经过三个阶段;根据第一卷的叙述,这些阶段形成如下的序列:

第一阶段:资本家作为买者出现于商品市场和劳动市场;他的货币转化为商品,或者说,经历G—W这个流通行为。

第二阶段:资本家用购买的商品从事生产消费。他作为资本主义商品

生产者进行活动;他的资本经历生产过程。结果产生了一种商品,这种商品的价值大于它的生产要素的价值。

第三阶段:资本家作为卖者回到市场;他的商品转化为货币,或者说,经历 W—G 这个流通行为。

因此,货币资本循环的公式是:G—W…P…W′—G′。在这个公式中,虚线表示流通过程的中断,W′和 G′表示由剩余价值增大了的 W 和 G。

《马克思恩格斯文集》第 6 卷,人民出版社 2009 年版,第 31—32 页

现在让我们来考察总运动 G—W…P…W′—G′,或它的详细形式 G—W$<^{A}_{pm}$…P…W′(W+w)—G′(G+g)。在这里,资本表现为一个价值,它经过一系列互相联系的、互为条件的转化,经过一系列的形态变化,而这些形态变化也就形成总过程的一系列阶段。在这些阶段中,两个属于流通领域,一个属于生产领域。在每个这样的阶段中,资本价值都处在和不同的特殊职能相适应的不同形态上。在这个运动中,预付的价值不仅保存了,而且增长了,它的量增加了。最后,在终结阶段,它回到总过程开始时它原有的形式。因此,这个总过程是循环过程。

《马克思恩格斯文集》第 6 卷,人民出版社 2009 年版,第 60 页

生产资本循环的总公式是:P…W′—G′—W…P。这个循环表示生产资本职能的周期更新,也就是表示再生产,或者说,表示资本的生产过程是增殖价值的再生产过程;它不仅表示剩余价值的生产,而且表示剩余价值的周期再生产;它表示,处在生产形式上的产业资本不是执行一次职能,而是周期反复地执行职能,因此,过程的重新开始,已由起点本身规定了。

《马克思恩格斯文集》第 6 卷,人民出版社 2009 年版,第 75 页

生产要素转化为商品产品，P 转化为 W′，是在生产领域进行的，W′再转化为 P，则是在流通领域进行的。这种再转化是以简单的商品形态变化为中介的。但它的内容是作为整体来看的再生产过程的一个要素。W—G—W，作为资本的流通形式，包含一种职能上确定的物质变换。其次，W—G—W 这样一个交换，要求 W 和商品量 W′的各种生产要素相等，并要求这些生产要素互相之间维持原有的价值比例；这就是假定，商品不仅按照它们的价值购买，而且在循环中不发生价值变动；不然的话，过程就不能正常进行。

《马克思恩格斯文集》第 6 卷，人民出版社 2009 年版，第 85—86 页

如果把任何一种循环都看作不同的单个产业资本所处的特殊的运动形式，那么，这种区别也始终只是作为一种个别的区别而存在。但是实际上，任何一个单个产业资本都是同时处在所有这三种循环中。这三种循环，三种资本形态的这些再生产形式，是连续地并列进行的。例如，现在作为商品资本执行职能的资本价值的一部分，转化为货币资本，但同时另一部分则离开生产过程，作为新的商品资本进入流通。因此，W′…W′循环形式不断地进行着；其他两个形式也是如此。资本在它的任何一种形式和任何一个阶段上的再生产都是连续进行的，就像这些形式的形态变化和依次经过这三个阶段是连续进行的一样。可见，在这里，总循环是资本的三个形式的现实的统一。

《马克思恩格斯文集》第 6 卷，人民出版社 2009 年版，第 117 页

因此，产业资本的连续进行的现实循环，不仅是流通过程和生产过程的统一，而且是它的所有三个循环的统一。但是，它之所以能够成为这种统一，只是由于资本的每个不同部分能够依次经过相继进行的各个循环阶段，从一个阶段转到另一个阶段，从一种职能形式转到另一种职能形式，因而，

只是由于产业资本作为这些部分的整体同时处在各个不同的阶段和职能中,从而同时经过所有这三个循环。在这里,每一部分的相继进行,是由各部分的并列存在即资本的分割所决定的。因此,在实行分工的工厂体系内,产品不断地处在它的形成过程的各个不同阶段上,同时又不断地由一个生产阶段转到另一个生产阶段。因为单个产业资本代表着一定的量,而这个量又取决于资本家的资金,并且对每个产业部门来说都有一定的最低限量,所以资本的分割必须按一定的比例数字进行。现有资本的量决定生产过程的规模,而生产过程的规模又决定同生产过程并列执行职能的商品资本和货币资本的量。但是,决定生产连续性的并列存在之所以可能,只是由于资本的各部分依次经过各个不同阶段的运动。并列存在本身只是相继进行的结果。例如,如果对资本的一部分来说 W′—G′停滞了,商品卖不出去,那么,这一部分的循环就会中断,它的生产资料的补偿就不能进行;作为 W′继续从生产过程中出来的各部分,在职能变换中就会被它们的先行部分所阻止。如果这种情况持续一段时间,生产就会受到限制,整个过程就会停止。相继进行一停滞,就使并列存在陷于混乱。在一个阶段上的任何停滞,不仅会使这个停滞的资本部分的总循环,而且会使整个单个资本的总循环发生或大或小的停滞。

《马克思恩格斯文集》第 6 卷,人民出版社 2009 年版,第 119—120 页

单个资本家投在任何一个生产部门的总资本价值,在完成它的运动的循环后,就重新处在它的原来的形式上,并且能够重复同一过程。这个价值要作为资本价值永久保持和增殖,就必须重复这个过程。单个循环在资本的生活中只形成一个不断重复的段落,也就是一个周期。在 G…G′这个周期的末尾,资本重新处在货币资本的形式上,这个货币资本重新通过包括资本再生产过程或价值增殖过程在内的形式转化序列。在 P…P 这个周期的末尾,资本重新处在生产要素的形式上,这些生产要素形成资本的更新的循环的前提。资本的循环,不是当作孤立的行为,而是当作周期性的过程时,

叫作资本的周转。这种周转的持续时间,由资本的生产时间和资本的流通时间之和决定。这个时间之和形成资本的周转时间。因此,资本的周转时间计量总资本价值从一个循环周期到下一个循环周期的阶段时间,计量资本生活过程经历的周期,或者说,计量同一资本价值的增殖过程或生产过程更新、重复的时间。

《马克思恩格斯文集》第6卷,人民出版社2009年版,第173—174页

资本作为自行增殖的价值,不仅包含着阶级关系,包含着建立在劳动作为雇佣劳动而存在的基础上的一定的社会性质。它是一种运动,是一个经过各个不同阶段的循环过程,这个过程本身又包含循环过程的三种不同的形式。因此,它只能理解为运动,而不能理解为静止物。那些把价值的独立性看作是单纯抽象的人忘记了,产业资本的运动就是这种抽象的实现。在这里,价值经过不同的形式,不同的运动,在其中它保存自己,同时使自己增殖,增大。因为我们在这里研究的首先是单纯的运动形式,所以对资本价值在它的循环过程中可能发生的革命就不去考虑了;但是很明显,尽管发生各种价值革命,资本主义生产只有在资本价值增殖时,也就是在它作为独立化的价值进行它的循环过程时,因而只有在价值革命按某种方式得到克服和抵销时,才能够存在和继续存在。资本的运动所以会表现为产业资本家个人的行动,是因为他作为商品和劳动的买者,作为商品的卖者和作为生产的资本家执行职能,因而通过他的活动来促成这种循环。如果社会资本的价值发生价值革命,他个人的资本就可能受到这一革命的损害而归于灭亡,因为它已经不能适应这个价值运动的条件。价值革命越是尖锐,越是频繁,独立化的价值的那种自动的、以天然的自然过程的威力来发生作用的运动,就越是和资本家个人的先见和打算背道而驰,正常的生产过程就越是屈服于不正常的投机,单个资本的存在就越是要冒巨大的危险。因此,这些周期性的价值革命证实了它们似乎应该否定的东西,即证实了价值作为资本所经历的、通过自身的运动

而保持和加强的独立性。

《马克思恩格斯文集》第6卷，人民出版社2009年版，第121—122页

产业资本循环过程从而资本主义生产的最明显的特征之一就是：一方面，生产资本的形成要素必须来自商品市场，并且不断从这个市场得到更新，作为商品买进来；另一方面，劳动过程的产品则作为商品从劳动过程产生出来，并且必须不断作为商品重新卖出去。例如，我们把苏格兰低地的现代租地农场主和欧洲大陆的旧式小农比较一下。前者出售他的全部产品，因而必须在市场上补偿它的全部要素，甚至包括种子；后者则是直接消费他的产品的绝大部分，尽量少买少卖，只要有可能，就自己造工具、做衣服等等。

《马克思恩格斯文集》第6卷，人民出版社2009年版，第132页

社会资本的运动，由社会资本的各个独立部分的运动的总和，即各个单个资本的周转的总和构成。正如单个商品的形态变化是商品世界的形态变化系列——商品流通——的一个环节一样，单个资本的形态变化，它的周转，是社会资本循环中的一个环节。

《马克思恩格斯文集》第6卷，人民出版社2009年版，第390页

资本的再生产过程，既包括这个直接的生产过程，也包括真正流通过程的两个阶段，也就是说，包括全部循环。这个循环，作为周期性的过程，即经过一定期间不断地重新反复的过程，形成资本的周转。

《马克思恩格斯文集》第6卷，人民出版社2009年版，第389页

各个单个资本的循环是互相交错的，是互为前提、互为条件的，而且正是在这种交错中形成社会总资本的运动。在简单商品流通中，一个商品的总形态变化表现为商品世界形态变化系列的一个环节，同样，单个资本的形态变化现在则表现为社会资本形态变化系列的一个环节。虽然简单商品流通决没有必要包括资本的流通——因为它可以在非资本主义生产的基础上进行——，但如上所述，社会总资本的循环却包括那种不属于单个资本循环范围内的商品流通，即包括那些不形成资本的商品的流通。

《马克思恩格斯文集》第6卷，人民出版社2009年版，第392页

我们把资本的束缚理解为：当生产要按照原有的规模继续进行时，产品总价值中的一定部分必须重新转化为不变资本或可变资本的各种要素。我们把资本的游离理解为：当生产要在原有规模的限度内继续进行时，产品总价值中一个一直必须再转化为不变资本或可变资本的部分，现在成为可以自由支配和多余的了。资本的这种游离或束缚和收入的游离或束缚不同。

《马克思恩格斯文集》第7卷，人民出版社2009年版，第126页

资本不是物，而是一定的、社会的、属于一定历史社会形态的生产关系，后者体现在一个物上，并赋予这个物以独特的社会性质。

《马克思恩格斯文集》第7卷，人民出版社2009年版，第922页

（四）按照资本自身的本性来说，它是狭隘的，但它力求全面地发展生产力，资本不过是一个过渡点

社会关系和生产力密切相联。随着新生产力的获得，人们改变自己的生产方式，随着生产方式即谋生的方式的改变，人们也就会改变自己的一切

社会关系。手推磨产生的是封建主的社会,蒸汽磨产生的是工业资本家的社会。

《马克思恩格斯文集》第1卷,人民出版社2009年版,第602页

现在,我们眼前又进行着类似的运动。资产阶级的生产关系和交换关系,资产阶级的所有制关系,这个曾经仿佛用法术创造了如此庞大的生产资料和交换手段的现代资产阶级社会,现在像一个魔法师一样不能再支配自己用法术呼唤出来的魔鬼了。几十年来的工业和商业的历史,只不过是现代生产力反抗现代生产关系、反抗作为资产阶级及其统治的存在条件的所有制关系的历史。只要指出在周期性的重复中越来越危及整个资产阶级社会生存的商业危机就够了。在商业危机期间,总是不仅有很大一部分制成的产品被毁灭掉,而且有很大一部分已经造成的生产力被毁灭掉。在危机期间,发生一种在过去一切时代看来都好像是荒唐现象的社会瘟疫,即生产过剩的瘟疫。社会突然发现自己回到了一时的野蛮状态;仿佛是一次饥荒、一场普遍的毁灭性战争,使社会失去了全部生活资料;仿佛是工业和商业全被毁灭了。这是什么缘故呢?因为社会上文明过度,生活资料太多,工业和商业太发达。社会所拥有的生产力已经不能再促进资产阶级文明和资产阶级所有制关系的发展;相反,生产力已经强大到这种关系所不能适应的地步,它已经受到这种关系的阻碍;而它一着手克服这种障碍,就使整个资产阶级社会陷入混乱,就使资产阶级所有制的存在受到威胁。资产阶级的关系已经太狭窄了,再容纳不了它本身所造成的财富了。资产阶级用什么办法来克服这种危机呢?一方面不得不消灭大量生产力,另一方面夺取新的市场,更加彻底地利用旧的市场。这究竟是怎样的一种办法呢?这不过是资产阶级准备更全面更猛烈的危机的办法,不过是使防止危机的手段越来越少的办法。

资产阶级用来推翻封建制度的武器,现在却对准资产阶级自己了。

但是,资产阶级不仅锻造了置自身于死地的武器;它还产生了将要运用

这种武器的人——现代的工人,即无产者。

《马克思恩格斯文集》第2卷,人民出版社2009年版,第37—38页

社会的经济发展,人口的增长和集中,迫使资本主义农场主在农业中采用集体的和有组织的劳动以及利用机器和其他发明的种种情况,将使土地国有化越来越成为一种"社会必然",这是关于所有权的任何言论都阻挡不了的。社会的迫切需要将会而且一定会得到满足,社会必然性所要求的变化一定会进行下去,迟早总会使立法适应这些变化的要求。

《马克思恩格斯文集》第3卷,人民出版社2009年版,第230—231页

我把生产的历史趋势归结成这样:它"本身以主宰着自然界变化的必然性产生出它自身的否定";它本身已经创造出一种新的经济制度的因素,它同时给社会劳动生产力和一切个体生产者的全面发展以极大的推动;实际上已经以一种集体生产为基础的资本主义所有制只能转变为社会的所有制。

《马克思恩格斯全集》第19卷,人民出版社1963年版,第130页

可是社会的政治结构决不是紧跟着社会经济生活条件的这种剧烈的变革立即发生相应的改变。当社会日益成为资产阶级社会的时候,国家制度仍然是封建的。大规模的贸易,特别是国际贸易,尤其是世界贸易,要求有自由的、在行动上不受限制的商品占有者,他们作为商品占有者是有平等权利的,他们根据对他们所有人来说都平等的、至少在当地是平等的权利进行交换。从手工业向工场手工业转变的前提是,有一定数量的自由工人(所谓自由,一方面是他们摆脱了行会的束缚,另一方面是他们失去了自己使用自己劳动力所必需的资料),他们可以和厂主订立契约出租他们的劳动力,

因而作为缔约的一方是和厂主权利平等的。最后，一切人类劳动由于而且只是由于都是一般人类劳动而具有的等同性和同等意义，在现代资产阶级经济学的价值规律中得到了自己的不自觉的，但最强烈的表现，根据这一规律，商品的价值是由其中所包含的社会必要劳动来计量的。——但是，在经济关系要求自由和平等权利的地方，政治制度却每一步都以行会束缚和各种特权同它对抗。地方特权、差别关税以及各种各样的特别法令，不仅在贸易方面打击外国人或殖民地居民，而且还时常打击本国的各类国民；行会特权处处和时时都一再阻挡着工场手工业发展的道路。无论在哪里，道路都不是自由通行的，对资产阶级竞争者来说机会都不是平等的，而自由通行和机会平等是首要的和愈益迫切的要求。

《马克思恩格斯文集》第 9 卷，人民出版社 2009 年版，第 110—111 页

这一批判证明：资本主义的生产形式和交换形式日益成为生产本身所无法忍受的桎梏；这些形式所必然产生的分配方式造成了日益无法忍受的阶级状况，造成了人数越来越少但是越来越富的资本家和人数越来越多而总的说来处境越来越恶劣的一无所有的雇佣工人之间的日益尖锐的对立；最后，在资本主义生产方式内部所造成的它自己不再能驾驭的、大量的生产力，正在等待着为有计划地合作而组织起来的社会去占有，以便保证，并且在越来越大的程度上保证社会全体成员都拥有生存和自由发展其才能的手段。

《马克思恩格斯文集》第 9 卷，人民出版社 2009 年版，第 157 页

资产阶级所固有的生产方式（从马克思以来称为资本主义生产方式），是同封建制度的地方特权、等级特权以及相互的人身束缚不相容的；资产阶级摧毁了封建制度，并且在它的废墟上建立了资产阶级的社会制度，建立了自由竞争、自由迁徙、商品占有者平等的王国，以及其他一切资产阶级的美

妙东西。资本主义生产方式现在可以自由发展了。自从蒸汽和新的工具机把旧的工场手工业变成大工业以后,在资产阶级领导下造成的生产力,就以前所未闻的速度和前所未闻的规模发展起来了。但是,正如从前工场手工业以及在它影响下进一步发展了的手工业同封建的行会桎梏发生冲突一样,大工业得到比较充分的发展时就同资本主义生产方式对它的种种限制发生冲突了。新的生产力已经超过了这种生产力的资产阶级利用形式;生产力和生产方式之间的这种冲突,并不是像人的原罪和神的正义的冲突那样产生于人的头脑中,而是存在于事实中,客观地、在我们之外,甚至不依赖于引起这种冲突的那些人的意志或行动而存在着。

《马克思恩格斯文集》第9卷,人民出版社2009年版,第284—285页

生产资料和生活资料的资本属性的必然性,像幽灵一样横在这些资料和工人之间。唯独这个必然性阻碍着生产的物的杠杆和人的杠杆的结合;唯独它不允许生产资料发挥作用,不允许工人劳动和生活。因此,一方面,资本主义生产方式暴露出它没有能力继续驾驭这种生产力。另一方面,这种生产力本身以日益增长的威力要求消除这种矛盾,要求摆脱它作为资本的那种属性,要求**在事实上承认它作为社会生产力的那种性质**。

猛烈增长着的生产力对它的资本属性的这种反作用力,要求承认生产力的社会本性的这种日益增长的压力,迫使资本家阶级本身在资本关系内部可能的限度内,越来越把生产力当做社会生产力看待。

《马克思恩格斯文集》第9卷,人民出版社2009年版,第293—294页

资本主义社会的经济结构是从封建社会的经济结构中产生的。后者的解体使前者的要素得到解放。

《马克思恩格斯文集》第5卷,人民出版社2009年版,第822页

一个资本家打倒许多资本家。随着这种集中或少数资本家对多数资本家的剥夺,规模不断扩大的劳动过程的协作形式日益发展,科学日益被自觉地应用于技术方面,土地日益被有计划地利用,劳动资料日益转化为只能共同使用的劳动资料,一切生产资料因作为结合的、社会的劳动的生产资料使用而日益节省,各国人民日益被卷入世界市场网,从而资本主义制度日益具有国际的性质。随着那些掠夺和垄断这一转化过程的全部利益的资本巨头不断减少,贫困、压迫、奴役、退化和剥削的程度不断加深,而日益壮大的、由资本主义生产过程本身的机构所训练、联合和组织起来的工人阶级的反抗也不断增长。资本的垄断成了与这种垄断一起并在这种垄断之下繁盛起来的生产方式的桎梏。生产资料的集中和劳动的社会化,达到了同它们的资本主义外壳不能相容的地步。这个外壳就要炸毁了。资本主义私有制的丧钟就要响了。剥夺者就要被剥夺了。

《马克思恩格斯文集》第5卷,人民出版社2009年版,第874页

从资本主义生产方式产生的资本主义占有方式,从而资本主义的私有制,是对个人的、以自己劳动为基础的私有制的第一个否定。但资本主义生产由于自然过程的必然性,造成了对自身的否定。这是否定的否定。这种否定不是重新建立私有制,而是在资本主义时代的成就的基础上,也就是说,在协作和对土地及靠劳动本身生产的生产资料的共同占有的基础上,重新建立个人所有制。

《马克思恩格斯文集》第5卷,人民出版社2009年版,第874页

以广大生产者群众的被剥夺和贫困化为基础的资本价值的保存和增殖,只能在一定的限制以内运动,这些限制不断与资本为它自身的目的而必须使用的并旨在无限制地增加生产,为生产而生产,无条件地发展劳动社会生产力的生产方法相矛盾。手段——社会生产力的无条件的发展——不断

地和现有资本的增殖这个有限的目的发生冲突。因此,如果说资本主义生产方式是发展物质生产力并且创造同这种生产力相适应的世界市场的历史手段,那么,这种生产方式同时也是它的这个历史任务和同它相适应的社会生产关系之间的经常的矛盾。

《马克思恩格斯文集》第7卷,人民出版社2009年版,第278—279页

如果有人说,发生的不是一般的生产过剩,而是不同生产部门之间的不平衡,那么,这仅仅是说,在资本主义生产内部,各个生产部门之间的平衡表现为由不平衡形成的一个不断的过程,因为在这里,全部生产的联系是作为盲目的规律强加于生产当事人,而不是作为由他们的集体的理性所把握、从而受这种理性支配的规律来使生产过程服从于他们的共同的控制。

《马克思恩格斯文集》第7卷,人民出版社2009年版,第286页

大工业不会让自己的规律受工厂主们的怯懦性随便摆布,经济的发展将不断产生新的冲突,并使这些冲突达到顶点,它也不会容忍自己长期受一心向往封建制度的半封建容克地主的支配。

《马克思恩格斯全集》第36卷,人民出版社1975年版,第544页

因此,如果说以资本为基础的生产,一方面创造出普遍的产业,即剩余劳动,创造价值的劳动,那么,另一方面也创造出一个普遍利用自然属性和人的属性的体系,创造出一个普遍有用性的体系,甚至科学也同一切物质的和精神的属性一样,表现为这个普遍有用性体系的体现者,而在这个社会生产和交换的范围之外,再也没有什么东西表现为自在的更高的东西,表现为自为的合理的东西。因此,只有资本才创造出资产阶级社会,并创造出社会成员对自然界和社会联系本身的普遍占有。由此产生了资本的伟大的文明

作用;它创造了这样一个社会阶段,与这个社会阶段相比,一切以前的社会阶段都只表现为人类的地方性发展和对自然的崇拜。只有在资本主义制度下自然界才真正是人的对象,真正是有用物;它不再被认为是自为的力量;而对自然界的独立规律的理论认识本身不过表现为狡猾,其目的是使自然界(不管是作为消费品,还是作为生产资料)服从于人的需要。资本按照自己的这种趋势,既要克服把自然神化的现象,克服流传下来的、在一定界限内闭关自守地满足于现有需要和重复旧生活方式的状况,又要克服民族界限和民族偏见。资本破坏这一切并使之不断革命化,摧毁一切阻碍发展生产力、扩大需要、使生产多样化、利用和交换自然力量和精神力量的限制。

《马克思恩格斯文集》第8卷,人民出版社2009年版,第90—91页

这里表现出了资本的那种使它不同于以往一切生产阶段的全面趋势。尽管按照资本的本性来说,它本身是狭隘的,但它力求全面地发展生产力,这样就成为新的生产方式的前提,这种生产方式的基础,不是为了再生产一定的状态或者最多是扩大这种状态而发展生产力,相反,在这里生产力的自由的、无阻碍的、不断进步的和全面的发展本身就是社会的前提,因而是社会再生产的前提;在这里唯一的前提是超越出发点。这种趋势是资本所具有的,但同时又是同资本这种狭隘的生产形式相矛盾的,因而把资本推向解体,这种趋势使资本同以往的一切生产方式区别开来,同时意味着,资本不过是一个过渡点。以往的一切社会形态都由于财富的发展,或者同样可以说,随着社会生产力的发展而没落了。因此,在意识到这一点的古代人那里,财富被直接当作使共同体解体的东西来加以抨击。封建制度也由于城市工业、商业、现代农业(甚至由于个别的发明,如火药和印刷机)而没落了。

《马克思恩格斯文集》第8卷,人民出版社2009年版,第169—170页

通过尖锐的矛盾、危机、痉挛，表现出社会的生产发展同它的现存的生产关系之间日益增长的不相适应，用暴力消灭资本——不是通过资本的外部关系，而是被当作资本自我保存的条件——，这是忠告资本退位并让位于更高级的社会生产状态的最令人信服的形式。这里包含的，不仅是科学力量的增长，而且是科学力量已经表现为固定资本的尺度，是科学力量得以实现和控制整个生产总体的范围、广度。

《马克思恩格斯全集》第31卷，人民出版社1998年版，第149—150页

（五）经济政治发展的不平衡是资本主义的绝对规律，在资本主义制度下，除了工业中的危机和政治中的战争以外，没有别的办法可以恢角经常遭到破坏的均势

战争同私有制的基础并不矛盾，而是这些基础的直接的和必然的发展。在资本主义制度下，各个经济部门和各个国家在经济上是不可能平衡发展的。在资本主义制度下，除工业中的危机和政治中的战争以外，没有别的办法可以恢复经常遭到破坏的均势。

《列宁全集》第26卷，人民出版社2017年版，第366页

经济和政治发展的不平衡是资本主义的绝对规律。由此就应得出结论：社会主义可能首先在少数甚至在单独一个资本主义国家内获得胜利。这个国家的获得胜利的无产阶级既然剥夺了资本家并在本国组织了社会主义生产，就会奋起同其余的资本主义世界抗衡，把其他国家的被压迫阶级吸引到自己方面来，在这些国家中发动反对资本家的起义，必要时甚至用武力去反对各剥削阶级及其国家。

《列宁全集》第26卷，人民出版社2017年版，第367页

任何一个马克思主义者,甚至任何一个懂得现代科学的人,如果有人问他“各个不同的资本主义国家平衡地或谐和均匀地过渡到无产阶级专政是否可能”,他的回答一定是否定的。在资本主义世界中从来没有而且不会有什么平衡,什么谐和,什么均匀。在每个国家的发展中,都是有时是资本主义和工人运动的这一方面,这一特征或这一类特点特别突出,有时是另一方面、另一特征或另一类特点特别突出。发展过程从来都是不平衡的。

《列宁全集》第 36 卷,人民出版社
2017 年版,第 292 页

第十章　我国革命和建设时期对马克思主义系统思想的创造性运用

一、战略与战术的系统原则

战争，尤其是现代战争，无疑是一个巨大的系统工程。作为一个明智的战争指导者，为了适应战争的需要，总是自觉不自觉地运用系统原则去认识和指导战争，制定相应的战略战术。一些马克思主义经典作家在指导革命战争时，也自觉地运用了系统论的一些基本原则，制定了一系列成功的战略战术。在运用系统原则指导革命战争方面，毛泽东堪为典范。在领导中国革命战争的长期实践中，毛泽东制定了一系列战略战术，指导革命战争从胜利走向胜利。他的军事思想和军事实践，无不闪耀着辩证法和系统原则的光辉。

在毛泽东的战略战术中，集中体现着系统论的整体性原则。古希腊哲人亚里士多德曾断言“整体大于部分之和”。现代系统论经过精细的研究证实了这一论断，使注重整体效应成为系统论最重要的观点。毛泽东在指导中国革命战争时，具有高超的大局观，十分注意事物的普遍联系，时时从战争的全局着眼，使整体性原则在他制定的战略战术中得到了比较充分的体现。

第一，强调战争与政治、经济、文化和国际背景的联系，反对单纯军事观点。战争的胜负，取决于双方的军事、政治、经济、地理、战争性质、国际援助和主观指导等诸多条件,而不是取决于其中的个别因素。认识和指导战争,必须把这些条件综合起来进行考察,把各个要素有效地调动和协调起来,进行全方位的努力。撇开其它因素,单纯,强调军事斗争,是不能最终赢得战争的。毛泽东为抗日战争制定的持久战战略,集中体现着这种整体分析和综合分析的原则。持久战战略,是针对着亡国论和速胜论提出的,包含着两层基本的含义,即抗日战争一定会胜利,这一胜利必须经过长期的艰苦奋战方能取得。抗日战争必然是持久战的结论,是在综合对比了中国和日本双方的国力及其发展趋势后得出的。总括起来看,敌我双方在战争中具有四个相反的因素,即敌强我弱,敌小国我大国,敌退步我进步,敌寡助我多助。敌强我弱,决定了敌在战争初期的进攻态势和我之不能速胜。其余因素都对我方有利,我方却可开展持久的战争,并最终夺取胜利。与亡国论者只看到敌人暂时强大的一面而忽略了我方的长处,和速胜论者忘记了敌强我弱这个矛盾,或者夸大、歪曲了中国的长处相比,毛泽东的分析不知高明多少倍。抗日战争的实际进程和持久战战略思想在抗战中的巨大指导作用表明,强调普遍联系和整体效应的系统原则,具有多么强大的威力。

第二,与上述大战争系统观相联系,毛泽东十分注重调动一切与革命战争有利的主观力量,注重群众斗争,最大限度地扩大革命战争的支持系统。战争,绝不只是军队的事情。革命战争当然需要一支革命军队,但只此还远远不够,还必须有人民群众的支持和配合。一个由军队和广大人民群众密切结合而构成的战争系统,较之于军队和人民群众相脱离的战争系统,当然要优越得多。是否有效地扩大包括人民群众在内的战争支持系统,实际上表明了战争指导者整体观的水平和整体性原则的实现程度。毛泽东关于建立最广泛的革命统一战线,最大限度地孤立敌人,非法斗争与合法斗争相结合,进行全面的人民战争的战略思想,体现着重视整体效应的系统原则,表现了宽广的战略视野。

第三,强调战争全局的重要性,要求局部服从全局,不怕局部损失,不争局部最优,保证战争全局的胜利。战争胜败的主要和首先的问题,是对于全局和各阶段关照得好和关照得不好,而不取决于战术上的成败。如果对全局和各阶段的关照有了重要的缺陷和错误,那个战争是一定要失败的。因此,战争指导者就要着力照顾战争的全局和各个阶段,重视那些事关全局成败的决定性环节,即"照顾部队和兵团的组成问题,照顾两个战役之间的关系问题,照顾各个作战阶段之间的关系问题,照顾我方全部活动和敌方全部活动之间的关系问题"。(《毛泽东选集》1 卷本第 159—160 页)就是说,要注重战争系统的内部结构的合理化和内部诸要素、诸过程的协调问题,最终求得最佳整体效应——战争胜利。为了保证战争胜利,就要勇于作出必要的局部牺牲,比如暂时放弃一城一地乃至大片根据地,损失一些部队,放过可以歼灭之敌等等。为了掩护大部队撤退而损失小部分后卫部队,为了围歼敌大部队而牺牲我小部分阻援部队,为了整个战役的胜利而在一些小战斗上吃点亏之类的战例是数不胜数的,追求整体效应的系统原则在这里得到了生动体现。

第四,集中优势兵力打歼灭战,攻击和破坏敌方战争系统的薄弱环节,逐步达到破坏、削弱敌方战争系统的目的。集中优势兵力打歼灭战,是毛泽东制定的重要战略战术原则。这一原则要求先打分散孤立之敌,后打集中强大之敌;先取中小城市,后取大城市;每战集中绝对优势兵力,四面包围敌人,力求全歼。其基本思想是造成局部的我优敌劣的状况,以优势兵力歼灭劣势之敌,通过连续不断的局部战役的胜利,达到在整个战争中取胜的目的。在这里,实际上已经相当成熟地运用着系统论中著名的"木桶理论"。正如木桶的盛水量并不完全决定于那些较长的木条反而在很大程度上取决于那个较短的木条(由此形成缺口)一样,战争的胜败也不完全取决于那些最强的军队却在很大程度上受制于那些较弱的军队。以我方的整个军队系统与敌方的整个军队系统比较,我方很可能处于明显劣势。但若以我军的较多兵力与敌方的某些弱旅相比,我方却处于优势地位,或通过集中更多兵力形成对敌方较强部队的局部优势。这样,敌方军队系统的整体优势并不能转化为局部优势,相反却在一些局部颇显薄弱;而我军的整体劣势却转化为局部优势,可以一战而胜。在敌方军队系统中不断地寻找薄弱环节,一环接一环地破坏之,也就达到了最终破坏或削弱敌方战争系统、夺取战争胜利的目的，实现从局部胜利到全局胜利的转化。集中优势兵力打歼灭战的战略战术，从某种意义上讲，就是对系统论的整体性原则的又一种方式的运用。

在毛泽东的战略战术中，动态相关的系统原则也得到了充分的体现。系统论认为，系统内部的各个要素之间、要素与系统之间、此系统与别系统之间都是有机联系、相互作用的。由于这种相互作用，系统就处于不断的发展变化之中，而不会静止不动。按照这一原理，人们在观察认识问题时，就应该时刻注意系统的各种关联关系，注意系统的发展变化，预测未来并不断创新。毛泽东的战略战术，十分重视战争的发展变化，强调依据不同的时间、地点、力量对比等各种条件采取不同的战略战术，反对生搬硬套、教条僵化。在抗日战争时期，毛泽东依据中日双方的基本条件及其相互作用，科学地预测出抗日战争将经历防御、相持、反攻三大阶段，并为不同的战略阶段制定了防御战中的进攻战，持久战中的速决成，内线作战中的外线作战，和坚持运动战与游击战结合的作战方针。在战略防御阶段，运动战是主要的，游击战和阵地战是辅助的；在战略相持阶段，游击战是主要的，运功成和阵地战是辅助的；在战略反攻阶段，运动战上升为主要形式，而辅以阵地战和游击战。在正面战场主要是运动战，在敌后战场应主要是游击战。这样的作战方针，充分注意和照顾了时间、空间和敌我力量对比等多种条件的变化及其相互作用，使战争的指导思想能够适应不断发展变化的战争系统的要求，蕴含着动态相关的系统原则。

在指挥解放战争的几大战略决战时，毛泽东战略战术中的功态相关原则得到了更充分的体现。在辽沈、淮海、平津三大战役的指挥中，毛泽东及其他高层军事指挥员，总是能依据敌我双方诸多因素的相互作用和发展变化，预见到整个战役的发展阶段，然后依据不同阶段的特点制定不同的作战方针，成功地引导战争走向胜利。为了把握战争系统的变化，毛泽东力图把握更多的制约因素，他在一篇军事著作中，曾一连列举了近40种应提高到战略高度进行认识的具体关系，几乎包括了制约第一次国内革命战争的所有重要因素。他明确指出："我们研究在各个不同历史阶段、各个不同性质、不同地域和民族的战争指导规律,应该着眼其特点和着眼其发展,反对战争问题上的机械论。"《毛泽东选集》1 卷本第 157—158 页)这一论述,当可视为对动态相关系统原则的直接阐述。

此外,层次性原则在毛泽东的战略战术中,也有比较集中的体现。毛泽东在指导革命战争时,是自觉地遵循层次性原则的。在毛泽东的视野里,战争绝不是混沌一团的东西,而是结构严谨、层次分明的巨大系统。从一般战斗到战彼再到战争全局,是一个系列的不同层次。从各个武装部队到一个战区的部队集群再到整个国家的部队系列,是又一类系列的不同层次。不同层次的部队承担着不同的作战任务,不同层次的战争也具有不同的功能。要依据不同层次的部队和作战任务,赋予该部队不同的职能和权力。在战略上,要实行集中指挥;在战役和战术上,则实行分散指挥。集中的限度,以具有战略性质的事项为准。凡关于战略性质的事项,下级必须报告上级,并接受上级的指导,以收取协同作战之效。至于战役战斗的具体部署等下级的具体事项,则应由下级具体负责,不能集中于战略指挥层。"因为这些具体事项,必须按照随时变化随地不同的具体情况去做,而这些具体情况,是离得很远的,上级机关无从知道的。"(《毛泽东选集》1 卷本第 404—405 页)在这一原则中,体现着一系列系统论的思想,尤其是层次性原则。比如第一,战争系统中的不同单元根据本身能量的大小而处于不同的地位和层次,观察和指导战争必须照顾不同层次的特点;第二,要根据不同层次单元的特点赋予其相应的职能和活动的自由度或自主权,不同层次的战争要予以不同的指导,该集中指挥则集中指挥,该分散指挥的则分散指挥,上一层次不要包办代替下一层次的指挥等等。毛泽东在指导战争时,总体上看既给下级以明确有效的战略指导,又给下级提供充足的发挥聪明才智的天地,使我方的军事系统处于充分有机结合的较佳状态之中,从而大大提高了作战能力。他的思想和指挥实践,不能不说是成功地运用层次性原则的一个范例。

在革命战争时期,毛泽东的战略战术及其表现的系统原则,武装了一代军队干部和革命者的思想,指导着他们科学地认识和把握复杂多变的战争系统,正确地指挥战役战斗,引导中国革命战争从胜利走向胜利,在毛泽东的战略战术有效地作用于革命战争的时期内,革命战争基本上是胜利推进,没有发生较大的战略指导上的失误和实践中的挫败。这是一个了不起的辉煌成就,从系统论的角度看,也是一个验证系统原则科学性和威力的光辉例证。

毛泽东战略战术中的系统原则对今天的社会主义改革和建设,也具有重大指导意义。毛泽东在研究制定战略战术时,十分重视对战争全局及其发展规律的研究,从战争系统的结构、特性、关联、演变规律等具体情况出发考虑问题。我们今天进行社会主义改革和现代化建设,也必须特别重视对改革和建设全局及其发展规律的研究,依据各种不断发展变化的要素制定路线、方针、政策,加强对改革和现代化建设的理论指导。举凡社会主义改革和现代化建设的历史前提、基本制约因素、发展趋势、基本过程和主要阶段、各阶段的特点及相互联接和转换,主观方面应坚持的基本指导思想和应采取的具体对策等等事关全局的重大理论问题,都应深入研究。毋庸讳言,这些问题的研究还不很深入,有的甚至并未引起足够重视。改革和建设的理论准备不足,一直是"瓶颈式"问题,改革和建设因此而带有相当程度的盲目性。在推进改革和建设的理论研究方面,毛泽东战略战术中所体现的那些系统原则,具有很大价值。

比如,毛泽东在研究战争规律时,总是尽量找出所有制约战争发展的重要因素,对每个因素及其相互联系、发展变化等进行研究,从而找出战争发展的规律和指导战争的战略战术。这种体现系统论动态相关原理的研究方法,在研究社会主义改革和建设规律时可以直接引用。从系统论角度看,改革和建设都是一个渐进的过程,受着多种因素的制约,有不同的发展阶段,应采取既稳健又积极灵活的对策。而那种急于求成的盲动或保守僵化的无所作为,都是有违改革和建设的规律的。

再比如,我国的改革面临着既要增强社会活力又要搞好宏观调控,建立统分有机结合体制的重大课题。究竟如何"统"如何"分",是一大难题。毛泽东关于在事关战争全局成败的战略问题上,要实行集中指导(统),在战彼战术问题上,则应分散指挥的观点;关于上级机关无法及时准确地把握相关情况,又需要下级及时作出灵活反应的事务,应由下级处理的观点,以及其他一些有关论述,对研究应建立何种新型经济体制问题,是很有启示的。

二、社会主义经济的计划与市场

社会主义经济组织活动中的计划与市场的全部过程,表明系统思想在社会主义实践中具有极其重要的意义。系统思想不仅产生于实践、与现代实践相一致,而且以自己的科学理论去指导当代的实践。

第一,社会主义经济组织活动中贯彻系统思想是经济机制发生结构质变的内在要求系统结构分析方法认为:一切事物都是有其结构的。只有一定的结构,才能有一定的质和功能,结构改变了,事物的性质会随之变化,相应的功能也就不同了。共产主义是无产阶级的整个思想体系,同时又是一种崭新的社会制度,这一结构质变要求社会主义经济组织活动中必须贯彻系统的思想。

1. 剥削制度的消灭、阶级对立的消除和公有制的建立要求把社会全体成员纳入一种新的相互平等、协作的社会关系系统中。马克思和恩格斯曾对社会主义以前的社会做过这样的概括:“到现在为止,社会一直是在对立的范围内发展的”,(《马克思恩格斯全集》第3卷第507页)“各种利益的敌对性的对立、斗争、战争被认为是社会组织的基础”,(同上,第42卷第76页)而到了社会主义社会,则是“人和自然界之间、人和人之间矛盾的真正解决……个体和类之间的斗争的真正解决”,(同上,第42卷第120页)这些话从人们彼此发生联系的社会关系总体上,表述了社会主义最本质的特征。即是说,只有社会主义才使个人与社会相一致,才使个人利益与社会利益相结合,才使人与人之间建立起平等互助关系,共同纳入一个全新的社会关系系统中,从而为经济组织活动系统铺平了道路。

2. 有制基础上的社会化大生产要求整个社会经济生活溶为一个大系

统。社会主义生产是在社会化大生产的基础上进行的。生产的各个部门相互独立、又相互依存。每一个部门的发展都影响着别的部门的发展,同时每个部门的发展都受到其他部门的影响。因此整个社会生产要求有计划地按照合理的比例配置各种资源,以实现生产的协调发展。马克思恩格斯说过:"当人们按照今天的生产力终于被认识了的本性来对待这种生产力的时候,社会的生产无政府状态就让位于按照全社会和每个成员的需要对生产进行的有计划的调节。"(《马克思恩格斯全集》第20卷第304—305页),这就必然导致一个新的具有特质的经济系统的出现。

第二,有计划的商品经济理论为社会主义经济组织活动中发挥系统的思想展示了更为广阔的前景。

社会主义是公有制基础上的有计划的商品经济。这是我们党对社会主义经济作出的科学概括,是对马克思主义的重大发展,它大大深化了我们对计划经济的认识,也为社会主义经济持续、稳定协调的发展中,发挥系统的思想展示了广阔的前景。

1. 社会主义经济同时存在着实行计划经济和发展商品经济的客观必然性,用系统的观点将二者统一起来,就必然得出社会主义经济是计划性和商品性内在有机统一的科学结论。从经济运行的总体和社会劳动的整体看,社会主义是计划经济;从劳动交换和经济联系上看,社会主义经济是商品经济。即是计划经济又是商品经济,计划性和商品性相互依存、相互渗透,计划调节和市场调节相互促进,形成同一的社会主义生产关系的整体性,覆盖全社会。

2. 从系统的观点考察有计划的商品经济可以发现它具有三个层次的涵内。居于上端的是宏观调控体系,它以产生政策为核心较集中地发挥了计划手段的优势,并综合运用各种经济的、行政的、法律的手段和经济信息系统,从而建立起社会主义有计划商品经济所需的宏观调控体系;居于下端的是微观企业,它是有计划商品经济良好运行的基础。计划和市场的调节行为最终都要由企业作出反应。企业构造和行为合理化决定着计划与市场相结合的效果。只有通过深化企业改革,完善和发展企业承包责任制,增强企业自负盈亏、自我积累、自我发展、自我约束的能力,才能形成有计划商品经济可靠的微观基础。居于中端的是以市场为核心的传导体系。作为中观层次的市场既是企业运行的外部环境,又是计划的依据和调节的对象,它一头连着企业的行为,另一头连着国家的政策和计划,担负着经济运行传导的功能。逐步完善市场体系,健全市场功能、规范市场秩序,培育起这个起中介作用、满足层次转化要求的统一市场,是发展有计划商品经济的关键。

3. 如果说宏观、中观、微观层次由上而下形成纵的系统体系,那么社会主义生产关系,即公有制基础上的生产、交换、分配、消费这一完整的生产和再生产过程则构成横向的系统体系,有计划商品经济中的三个层次就是围绕着这四个环节来展开的,它们纵横交错形成了有计划商品经济的完整系统网络。为了保证横向系统的四个环节上的顺利畅通,客观上要求纵向系统的三个层次紧密协调配合;反过来,纵向系统的三个层次的有效运行也有赖于横向系统四个环节正常的发挥作用,这两大系统相辅相成,成为社会主义经济组织活动中计划与协调的重要内容。

第三,统筹兼顾、适当安排、整体优化是社会主义经济组织活动中系统思想的基本要求和根本趋势。

系统的整体性原则揭示:系统虽然是由要素组成的,但系统整体并不等于它的组成要素的总和,而是可以大于它的组成部分的总和,系统的整体性质也具有诸要素在孤立状态时所不具有的新质。系统的这些特性是在诸要素的相互联系和作用中产生出来的。国民经济就是一个有机整体,由社会各个部门组成。社会再生产各个环节之间相互制约、紧密联系、缺一不可。因此,社会主义经济组织活动中的计划与协调,必须互相衔接,步调一致、统筹兼顾、适当安排,实现整体优化,才能把社会主义建设事业搞好。对此,经典作家主要谈到如下几个方面:

1. 在产业结构和生产力布局方面,经典作家提出要正确安排好生产领域中关系到国民经济全局的比例关系,正确安排和处理好地区经济关系和综合平衡。近年来我们在产业结构调整和生产力布局上做了大量工作,深化了经典作家的论述。产业结构合理化就是要在整个社会再生产过程中,实现各种要素的有机结合和优化配置。这种结合包括各种要素之间的质相适应(即各种生产要素在属性、功能上相互适应),量成比例、所谓生产力布局合理化,就是序例合理,就是要使各个地域保持生产协调发展。只有这三者实现了,才能实现国民经济的良性循环和协调发展。

2. 正确安排好分配领域中有关国民经济全局的各种比例关系。包括积累与消费的比例,经济建设与科教文化事业之间的比例,社会购买力与社会商品供应量之间的平衡以及财政、信贷、外汇收支和财力、物力的平衡等。在这里毛泽东同志特别强调统筹兼顾的整体性原则。“又要马儿跑得好,又要马儿不吃草”是毛泽东借用俗语批评那些不懂整体性原则的人的一句名言。

3. 正确安排好社会生产的规模和速度,使经济发展与社会发展的其他方面保持平衡。经典作家多次讲到,为了使国民经济的各种比例关系同步协调,使局部利益服从整体利益,某些建设要下马,某些企业要关、停、并、转或减少任务,这些都体现了系统思想的整体优化原则。

把重点和全面很好地结合起来方法,达到整体优化的重要方法。周恩来同志说:“我们强调重点建设,并不是说可以孤立地发展重点而不要全面安排;我们要求全面安排,也不是说可以齐头并进,而不要重点建设,我们制定计划和安排工作的时候,必须把重点和全面很好地结合起来。”(《周恩来选集》下卷第 221 页)周恩来同志是社会主义经济组织活动中实践系统整体优化思想的光辉典范。

第四,正视差异、重视协调、把亿万人民团结起来,是系统思想运用在社会主义经济组织活动中发挥出来的巨大社会作用。

差异协同是系统思想的基本内容之一。经典作家在理论和实践上都给予了充分的注意。

在社会主义经济组织活动的计划和协调中,差异是客观存在的。不同的阶级、阶层或社会集团,不同的民族都生活在社会主义经济组织活动这个大系统中,人们的社会历史背景不同,阶级地位不同,思想觉悟、活动方式及目的要求也就不同。因此,差异是整个计划和协调过程中不可避免的客观现实。

系统思想对此不是采取否认的态度。相反,它正视差异,并采取积极进取的办法,将差异化为协同,使事情向好的方面转化。对民族资产阶级,我们积极利用、限制和改造使其进入社会主义;对分散的小农经济、我们通过示范和引导的方法,建立农业合作社,使广大农民成为工人阶级的可靠同盟军;对于城镇个体劳动者,我们也积极地通过合作社的方式,使他们成为社会主义事业的建设者。

进入社会主义后,我国的政治情况发生了根本变化,剥削阶级作为阶级已被消灭。差异和矛盾集中表现在人民内部,重视协同比以往任何时候都显得更为重要。重视协同就是通过正确处理人民内部矛盾,用民主的方法,用批评和自我批评的方法,用摆事实、讲道理的方法,保证人民群众在党的领导下统一认识,统一政策,统一计划,统一指挥,统一行动,调动起一切积极因素,齐心协力地推动社会主义现代化建设的进行。

三、改革是一个伟大的系统工程

马克思主义的一个基本原理就是:世界是一个普遍联系的、不断运动变化着的统一体,任何事物都不是静止的、一成不变的,而是运动着、变化着的。社会主义社会也不是一成不变的东西,它同其它任何社会制度一样,也是需要经常完善的社会和改革的社会。

在自然界和人类社会中,一切事物都是以系统的形式存在的。改革,也是一项客观存在的、规模巨大、变化迅速、影响广泛的伟大的系统工程。改革的系统性主要表现在以下几个方面:

首先是改革的整体性。任何问题都不是孤立的,都处在不同子系统组成的大系统中。改革也不能在局部单独发生作用,而只能以改革大系统的整体效应发生作用。改革的整体性表现为一项改革方案或改革政策是由制定、执行、评估等环节构成的整体,表现为此项改革方案与其它改革方案互相联系构成的改革系统整体。其中任何一个子系统的变化都会影响到其它子系统甚至整个大系统,影响到改革的整体成效。总之,改革的整体性就是它的整体效益性,它既重视单项改革的优化,更重视整体的优化,使不同的局部改革及其相关因素有机地联系起来,互相协调、配合和补充。改革作为一项伟大的系统工程,能否取得成功,从整体上看取决于以下几个方面:第一,改革领导者的决心,勇气、魄力、毅力、智慧的大小强弱;第二,改革目标设计的合理性及其战略、策略、方针、政策以及捕捉时机、实施步骤选择的恰当与否;第三,改革的进程和跨度与我们的实际国力、国情及国家宏观调控能力之间的适应程度;第四,改革理论与改革实践的适应程度,舆论导向的正确与否,人民群众对改革的心理承受能力和物质承受能力如何;第五,一定的国际环境。

其次是改革的系统性和层次性。改革,作为一个大系统,至少可以分为以下几个子系统:改革的目标系统、改革的内容系统、改革的程序与方法系统。这些子系统之间的关系是辩证统一的:既互相联系、互相依存,又互相制约。对这种辨证统一的关系,我们可以从以下几方面解释:

第一,改革的目标系统,它是改革大系统的重要基础。在改革大系统中,不同部分、不同层次、不同环节之间的相互作用不是随便建立起来的,而是根据改革系统的目标及其为实现目标所应具备的系统功能建立起来的。一个系统在接受若干信息后,系统的发展方向就有可能出现偏差,这就需要我们适时适度地加以调整,通过信息反馈,促使改革系统趋向于特定目标。

我国的改革目标,从总体上说,就是以经济建设为中心,立足本国国情,总结实践经验,根据社会生产力的现实水平和进一步发展的客观要求,自觉调整生产关系与生产力不相适应的部分,调整上层建筑中与经济基础不相适应的部分,不断完善和发展社会主义制度,通过发展物质文明和精神文明,建设有中国特色的社会主义。要建成有中国特色的社会主义,一是要用马克思主义基本理论为指导,但不能照抄照搬。指导改革的理论基础是马克思主义,但马克思主义不是教条,只是行动的指南,它没有结束真理,只是为认识真理开辟了道路。在改革中,我们不搞任何的“凡是”,不唯上,不唯书,要唯实。二是提倡借鉴外国经验,但要坚持四项基本原则,不搞“全盘西化”。建设有中国特色的社会主义,不能关起门来干,不能拒绝学习外国的东西。对国外,不管是资本主义国家还是社会主义国家,在经济建设、管理体制、科学文化等方面创造的一切优秀成果,我们都应借鉴和吸收,为我所用。但绝不能盲目地跟在别人后面走,搞“全盘西化”。对资本主义创造的物质文明和精神文化,我们要先鉴别,后吸收,取其精华,去其糟粕,然后与中国国情相结合,创造出中国特色的社会主义模式。三是既要有创新精神,又要吸收中国传统文化中的优秀成果,建设有中国特色的社会主义,无论是在理论上,还是在实践上,都没有现成的东西可照搬照抄,只能在实践中摸索和创造,因而,创新是很重要的。但是创新不能脱离中国国情,改革也不能脱离我国的实际。

第二,改革的内容系统,至少应包括三个部分:经济体制改革、政治体制改革和思想文化方面的改革。

关于经济体制改革。改革十余年来,我们已经从所有制结构、经济决策方式、经营管理形式、经济调节手段以及分配形式等方面,部分突破了过去那种权力过分集中、排斥市场机制、主要依靠行政手段管理经济的传统框架,取得了较明显的成效。农业方面尤为突出。由于经济体制是一个高度复杂的有机系统,其内部诸环节互相依赖、互相贯通,处于不可分割的联系之中。因此,经济体制改革势必要求全面配套,整体规划,互相协调。今后,经济体制改革的内容应包括:(1)继续坚持以公有制经济为主体,发展多种经济成分的方针,发挥个体经济、私营经济以及中外合资、合作企业和外资企业对社会主义经济的有益的、必要的补充作用。……(2)在实践中不断探索、创造一种适合中国国情的、把计划经济和市场调节结合起来的社会主义商品运行机制。在总体上实行宏观、中观、微观三个层次系统的分级调控管理:宏观上,以中央政府为主体,以产业政策为核心,以经济法规、经济政策和少量行政干预为手段,以保持总需求和总供给的动态平衡以及产业结构合理化和高级化为目标,通过国家对市场的宏观调控和引导,对整个国民经济的运行进行有计划的调节和控制;中观上,以市场机制和价值规律为主体,以财政、信贷、税收、价格、利率、汇率等经济杠杆为手段,以调节市场走向、平衡商品供求,引导并规范政府和企业行为为目标,通过充分发挥市场调节功能来引导企业沿着国家宏观经济发展方向和产业政策指向发展;微观上,以企业为主体,以强化企业内部的经营管理职能为手段,以把企业的生存与发展和国家的宏观经济目标结合起来为目的,按照发展有计划商品经济的原则,通过深化改革,重新构造企业的微观经营机制,使其成为既具有贯彻执行国家各种指令性、指导性计划的自觉性,又具有根据市场情况变化随时调整经营方式的灵活性,并成为集自主经营的权利、自负盈亏的责任、灵活机功的盈利手段三种功能于一身的经济活动细胞。(3)改革不合理的分配制度,坚持按劳分配为主体的多种分配形式,在物质鼓励和精神鼓励相结合的前提下,纠正"一切向钱看"的错误倾向,防止和纠正社会分配不公的问题。(4)要大力加强农业及能源、交通、通信、重要原材料等基础工业和基础设施的建设和发展,积极而又稳妥地调整产业结构。

关于政治体制的改革。政治体制作为上层建筑的组成部分,在整个改革中占有重要地位。我国是人民民主专政的社会主义国家,基本政治制度是好的。但是在具体的领导制度、组织形式和工作方式上,也存在一些缺陷。进行政治体制改革,就是要建设有中国特色的社会主义民主政治。改革的长远目标,是要建立高度民主、法制完备、富有效率、充满活力的社会主义政治体制。当前这方面的工作主要是:(1)建设高度的社会主义民主与社会主义法制,严格遵守宪法和法律。在这方面,我们可以借鉴资本主义国家的某些经验,但必须划清社会主义民主与资本主义民主的界限,反对"政治多元化"。(2)实行党政分开,改革政府工作机构,改进工作作风,加强行政立法,为行政活动提供基本的规范和程序,使国家行政管理走上法制化的道路。(3)进行干部人事制度的改革,改变集中统一管理的现状,建立科学的分类管理体制,改变用党政干部的单一模式管理所有人员的现状,形成各具特色的管理制度;建立国家公务员制度,实现干部人事的依法管理和公开监督。(4)继续完善我国的人民代表大会和共产党领导的多党合作与政治协商制度,建立和健全民主决策、民主监督的程序和制度,扩大同群众的联系和对话渠道,提高公民参政意识,保证广大人民的意志和利益在国家生活、社会生活中得到切实的体现。

关于思想文化方面的改革。社会主义不仅要实现经济繁荣,而且要实现整个社会的全面进步。思想文化领域也是改革的主战场之一。在这方面,主要的任务有:(1)坚持“百花齐放、百家争鸣”的方针,继续鼓励和繁荣教育、科学、文化事业的发展。在积极吸收我国传统文化和外国文化中的一切优秀成果的同时,坚决摒弃一切封建的、资本主义的文化糟粕和精神垃圾,要特别注意反对全盘否定我国传统文化的民族虚无主义和崇洋媚外思想;(2)搞好精神文明建设,提高全民族的精神文化素质;(3)加强马克思主义和社会主义教育,在经济体制改革、政治体制改革中提高人们对改革的心理承受能力,对不利改革的“千百万人的习惯势力”加以正确的引导,使之逐渐更新或扬弃,为改革创造一个良好的社会文化环境。

第三,改革的程序和方法。改革是一项很艰巨、很庞大的系统工程。要想使它稳妥而又顺利的进行下去,就必须在程序的规划和方法的运用上经过科学论证。就改革的程序而(1)要求改革的各子系统之间要相互协调与配套。改革做为一个复杂的有机体,其内部各方面都处于不可分割的联系之中,在多年的运行中又形成了独特的相互适应的宏观机制和微观机制,一个部分或局部的变动,必然会影响到其它方面。改革若不全面配套,就会因环环相扣而“卡壳”,从而既不能使旧体制得到改造,也不能使新体制得以确立和巩固。(2)就改革的过程来说,改革应该是渐进的。这是因为,我们现在仍处在社会主义初级阶段,改革也是前人从未有过的一种尝试。人的能力,包括各级决策机构的能力相对于复杂的改革事业来说,总是有限的,在各种主观的、客观的因素的制约下,很难正确评价每一改革方案的成本和利益。渐进式的改革程序在出现失误时,可以较快纠正,降低改革的政治风险和经济成本,既有利于维护和发展安定团结的政治局面,也有利于经济建设的顺利进行。从改革的方法与手段方而来说,主要应该利用稳定的、安定团结的政治局面,实行稳妥的、实际的经济政策来发展生产力,发展商品经济。在政治稳定、经济持续繁荣的前提下,积极稳妥地推进各项改革措施,制定各种改革政策。

最后是改革系统的动态性。改革大系统和世界上一切开放系统一样，需要不断地与外界环境交流能量、物质和信息，从而处于不断的运动、变化和发展中。改革的这种系统运动一方面是它自身政治原则性与利益相关性的体现，另一方面也是它灵活性的体现。社会、政治、经济、文化等方面的变化，使改革的领导者必须根据情况，经常调整、改变、完善改革。因此，改革不仅仅表现为文件或口号，而是一个解决和处理社会问题的动态过程。这个动态过程没有现成的路子和模式，只能在实践中摸索，因而在以下几方面需要慎之又慎：

第一，我国现行体制，尽管不成熟、不完善、有缺陷，但就坚持公有制，坚持消灭剥削制度来说是社会主义的。改革，就是要逐步消除现行制度上的缺陷，使其成为更成熟更完善、更符合社会主义本质的体制。

第二，我国经济管理体制存在严重的弊端，经济基础落后，但是坚持有计划的商品经济的方向是正确的。改革，就是要在坚持计划经济与市场调节相结合的基础上，发展商品生产和商品交换，打破传统经济体制和自然经济生产方式的束缚，通过搞活和开放，大力发展社会主义生产力，发展商品经济。

第三，我国幅员广大，地区间经济、文化发展极不平衡，多年来，许多人的思维方式和心理状态是封闭型的。改革在政治经济方面所引起的变化必然会在思维方式、文化传统及价观念上引起新的矛盾和变革，我们要在改革中发掘、继承和发展中华民族优秀历史文化传统。否则，就不可能建成有中国特色的社会主义。

改革，作为一项伟大的系统工程，它包括着若干个大的子系统和更多小的子系统。在制定改革方案、实施改革行功时，既要从整体出发制定总的规划和方案，也要把整体规划分解成一个个子系统的具体计划，通过一个个子系统的改革方案的完成、改革目标的实现，来完成整个大系统的改革。在这里，没有大系统的规划和制约，子系统就没有方向；而没有子系统的计划和配合，大系统的改革就是一句空话。因此，在改革中，政治上的坚持四项基本原则实事求是、解放思想、团结一致向前看；与经济上的对内搞活，对外开放；思想文化上的百花齐放，百家争鸣是互相联系、互为前提的，是完成改革大业的基本策略与手段。

再版后记

我们谨将《马克思主义系统思想》一书，作为献给中国共产党成立七十周年纪念活动的一份礼物。

《马克思主义系统思想》一书，是我在的国家社会科学基金研究课题——《马克思主义经典作家系统辩证思想及其方法的研究》的一个阶段性成果。

马克思主义的系统思想是现代系统科学的重要渊源和组成部分，是全人类的思想精品。因此，对马克思主义的系统思想进行深入的开掘和系统的整理，使马克思主义系统思想更加完善和系统化，并使之成为广大干部和群众树立马克思主义世界观、掌握现代科学思维方式的重要思想武器，这是一项十分有意义和重要的工作。我们衷心希望这项探索性、基础性的工作能够引发理论界人士更加深入广泛的研讨，使马克思主义的系统思想在新的历史时期进一步弘扬光大。

《马克思主义系统思想》一书的编辑体例，是依据马克思主义的理论体系和实践轨迹，采取主题编排方法。全书划分为九个主题，分类摘编了马克思、恩格斯、列宁在各个历史时期的主要论述，同时考虑到中国经济体制改革在当代社会主义国家中的一定意义，在第十章中对我国创造性地运用马克思主义系统思想的状况做了简要介绍。为了有助于读者在阅读中的联系与思考，在每一个主题词下面，我们编写了一段导语，并从摘编的经典论述中提炼出分类标题。王昕、涂荫森、申存良、李乃华、马志良、李波、关键等同志参与设计和组织协调编辑工作。参加本书资料整理工作的人员还有：金高尚、郭贵春、孙全锁、韩虎龙、乔润令、贾益东、靳共元、刘海兰、张建平、郭如新、刘变兰、武树和、丰立祥、董宇明、薛书田、黄学诗、韩贵斌、阎献晨、毛建儒、兰喜并、刘建华、张文卓、刘翠兰、姚纪刚、乔瑞金、薛勇民、张光鉴、晋兴湖、王建武、蒋仲辉、马旭、吕玉贞、卢艺文、王和平、蔡艳青、王开学。

显然，编辑这样一本马克思主义的专题性的书，是一项艰巨复杂的理论探索工作，加之我们水平有限，时间仓促，书中错误、缺陷、不足在所难免，敬请前辈、同行和读者批评指正。

乌　杰

1991 年 5 月

新编剑桥印度史

项目负责人

刘大伟　赵石定

译审委员会

顾　问

林承节　孙培钧　孙士海　谭　中

主　任

任　佳　刘大伟

副主任

（按姓氏笔画排列）

吕昭义　张光平　陈利君　赵石定　赵伯乐

委　员

（按姓氏笔画排列）

王　镛　王立新　王红生　王崇理　文富德　邓俊秉
吕昭义　任　佳　刘　建　刘大伟　杜幼康　李　桢
杨信彰　邱永辉　沈丁立　张　力　张　洁　张平慧
张光平　张贵洪　张敏秋　陈利君　陈继东　赵干城
赵石定　赵伯乐　尚劝余　尚会鹏　金永丽　周　祥
周红江　殷永林　殷筱钊　郭木玉　郭穗彦　葛维钧